세상의 방향을 바꾼 과학자들
PIONEERS OF SCIENCE

세상의 방향을 바꾼 과학자들

초판 발행 2025년 8월 5일

지은이 | 올리버 로지
옮긴이 | 권혁
발행인 | 권오현

펴낸곳 | 돋을새김
주소 | 경기도 고양시 일산동구 하늘마을로 57-9 301호 (중산동, K시티빌딩)
전화 | 031-977-1854 팩스 | 031-976-1856
홈페이지 | http://blog.naver.com/doduls 전자우편 | doduls@naver.com
등록 | 1997.12.15. 제300-1997-140호
인쇄 | 금강인쇄(주)(031-943-0082)

ISBN 978-89-6167-367-9 (03400)
Korean Translation Copyright ⓒ 2025, 권혁

값 16,800원

*잘못된 책은 구입하신 서점에서 바꿔드립니다.
*이 책의 출판권은 도서출판 돋을새김에 있습니다. 돋을새김의 서면 승인 없는 무단 전재 및 복제를 금합니다.

세상의 방향을 바꾼 과학자들

올리버 로지 | 권혁 옮김

돋을새김

차례

● 서문 … 06

제1장 코페르니쿠스와 지구의 움직임   09
제2장 티코 브라헤와 초기의 천문대   041
제3장 케플러와 행성 운동의 법칙   071
제4장 갈릴레오와 망원경의 발명   107
제5장 갈릴레오와 종교 재판소   141
제6장 데카르트의 소용돌이 이론   181
제7장 아이작 뉴턴 경   215
제8장 뉴턴과 만유인력의 법칙   245

서문

 이 책은 동료들이 나를 위해 준비했던 천문학의 역사와 발전에 대한 연속 강의에서 비롯된 것이다. 그들 중 한 명이 이 강의의 이름을 붙였다. 강의는 재미있었으며 그 내용을 모두 글로 작성해 출판하는 것은 당연했다.
 강의 내용에 어떤 장점이 있는지를 주장해야 한다면, 나는 과학적 사실과 법칙들에 대한 쉬운 설명으로 이루어져 있는 것이라 말하겠다. 전기적인 세부 내용들은 모두 쉽게 구할 수 있는 자료들을 모아놓은 것으로, 비록 어느 정도는 명확하기를 기대했지만, 새롭거나 독창적인 것은 없다. 나는 단순하게 독창적인 과학자들의 생생한 특징을 차례대로 제시하려 했으며, 생각의 발달에 대한 그들의 영향을 추적하려 했다.
 많은 전기작가들과 저자들에게 신세를 졌다. 현 시대에 더 가까운 인물들로 접근하면서 전기적인 측면은 줄어들고 과학적으로 다루어야 할 내용들이 점점 더 풍부해지고 주제는 점점 더 복잡해졌다. 하지만 어떤 경우에도 기술적인 내용이 되거나 일반적으로 읽어내기 어렵게 하지는 않았다.

    교정지를 검토하면서 사실을 보다 명확하게 전달할 수 있도록 친절하게 조언을 아끼지 않은 친구들에게 진심으로 감사의 뜻을 전한다.

리버풀 유니버시티 칼리지에서
1892년 11월

고대의 자연과학

탈레스(BC 640년) — 아낙시만드로스(BC 610년) — 피타고라스(BC 600년) — 아낙사고라스(BC 500년) — 에우독소스(BC 400년) — 아리스토텔레스(BC 384년) — 아리스타르코스(BC 300년) — 아르키메데스(BC 287년) — 에라토스테네스(BC 276년) — 히파르코스(BC 160년) — 프톨레마이오스(서기 100년)

암흑시대, 중세의 과학

과학은 주로 아랍 세계에서만 발전했으며, 그 내용은 주로 점성술, 연금술, 대수학의 형태로 이루어졌다.

과학의 유럽 귀환

로저 베이컨(1240년) — 레오나르도 다 빈치(1480년), 인쇄술 발명(1455년) — 콜럼버스의 신대륙 발견(1492년) — 코페르니쿠스《천체의 회전에 관하여》출간 (1543년)

제1장
코페르니쿠스와 지구의 움직임

평범한 사람들은 자신이 전혀 알지 못하고, 관심도 두지 않는 현상들 속에서 살아간다. 그들은 물체가 땅으로 떨어지는 것을 보고, 소리를 듣고, 불을 붙이며, 머리 위에서 천체가 움직이는 것을 보지만 이런 모든 것들의 원인과 내부 작용에 대해서는 알지 못하며, 그 무지에 만족한다.

내가 아는 어느 교양 있는 문인은 이렇게 말했다.

"비누방울의 구조를 알고 있냐고? 관심도 없고, 알고 싶은 마음도 없어요!"

오늘날 이런 태도가 널리 퍼져 있다면, 인류가 야만 상태에서 막 벗어나던 고대에는 어땠을까? 그 시기의 역사란 대개 외부로는 전쟁에 시달리고, 내부에서는 혁명이 끊이지 않았던 이야기로 이루어져 있다. 역사가 주로 다루는 그런 격동의 시대에는 과학이 제대로 이루어질 수 없다.

과학이 성장하려면 비교적 조용하고 안정된 상태가 필요하다. 아니면 정치와 상업의 소란에서 벗어난 수도원이나 대학 같은 장소가 있어야 한다. 실제로 과학은 그런 장소에서 시작되었고, 앞으로도 진정한 과학은 그런 평화로운 환경과 고요한 시기 속에서 계속 이어질 것이다.

대부분의 사람들은 자신들의 이동 수단이나 건강, 오락 혹은 지갑에 직접적인 영향을 주지 않는 한, 과학 연구나 과학적 성과에 대해 늘 어느 정도는 무관심할 수밖에 없을 것이다.

하지만 부를 추구하거나, 쾌락을 추구하면서 대부분의 사람들이 생존경쟁에 빠져 허둥대는 와중에도, 매 세대마다 가끔씩 한두 명의 위대한 인물이 태어난다. 그들은 마치 다른 시대, 다른 세계에서 온 사람들처럼 보이며, 세상의 소란과 조급한 활동을 바라보면서도 거기에 물들지 않는다. 남들이 부와 쾌락이라는 목표를 향해 달려가는 모습을 지켜보면서도 흔들리지 않고, 자신이 태어난 이 세계와 우주를 전혀 다른 시선으로 바라본다.

그들에게 이 세상은 물건을 사고파는 저잣거리로 보이지 않는다. 어디로 또는 왜 그래야 하는지도 모르는 채 허둥지둥 오르거나 내려가는 사다리로 보이지 않는다. 하지만 깊게 생각하고 연구해야 하는 하나의 사실로서 그리고 우연히 아주 조금은 이해하게 되는 중요하고 불가사의한 사실로 보인다.

이런 사람들은 대중들에게 괴짜라고 조롱을 당하거나 불가사의한 인물로 두려움의 대상이 된다. 그들의 차분하고 명확하며 관조적인 태도는 미쳤거나 악마적인 것으로 여겨진다. 그로 인해 그들은 광인으로 불쌍히 여겨지거나 신성을 모독하는 자로서 죽음을 당한다.

이런 위대한 인물들 중 어떤 사람은 선지자이거나 설교자였을 것이다. 자신의 세대에게 왜 그리고 무엇 때문에 존재하는지 생각해보기를 요청하고 적게 다투고 더 많이 생각하며, 쓸모없는 것이 아닌 진정한 가치를 지닌 것들을 연구할 것을 요청한다. 또 다른 사람은 시인이거나 음악가였다. 많은 사람들이 모호하게 생각할 수는 있지만 말로는 표현하지 못하고 모호하게 버려둔 것들을 언어나 노래 속에 담아 널리 퍼뜨린다.

또 다른 이들은 자신을 둘러싼 우주로부터 훨씬 더 직접적인 영향을 받았다. 때때로 이 모든 것의 신비로움과 장엄함에 압도되었고, 그것을 탐구하라는 자신보다 더 강한 어떤 힘에 이끌렸다. 인내심 있게, 느리지만 꾸준하게, 부지런히 그것을 연구했다. 방대한 지식을 수확하면서 몇 조각의 부스러기라도 건질 수 있다면 그것으로 만족했고, 포괄적인 일반 원리나 널리 적용되는 법칙 하나라도 이해할 수 있다면 그것만으로도 기뻤다. 그렇게 해서라도 이 경이로운 세계를 설계한 존재의 정신과 사유를 조금이나마 이해할 수 있다면 그것으로 충분했다.

이 마지막 부류에 속하는 사람들이 과학자다. 위대하고 천부적인 재능을 타고난 과학자들로서 그 수는 매우 적다. 오늘날 수많은 발명들 속에서 과학의 이름을 이용하지만 자신들의 목적만을 위해 일하는 사람들이 무척이나 많다. 그들은 다른 직업이나 업종에서처럼 서로 밀치고 다투며 분주하다. 이들 또한 연구자이며, 실제로 지식의 진보에 기여하기도 하지만, 결코 개척자는 아니다. 그들에게는 미지의 광대한 영역을 펼쳐보이거나, 산꼭대기에서 약속의 땅을 바라보는 것과 같은 경험이 허락되지 않는다.

그런 사람들에 대해서는 언급하지 않을 것이다. 오직 가장 위대한 이들, 시대의 흐름을 바꾼 인물들에 대해서만 이야기할 것이다. 우리는 물론, 이후에 오는 모든 사람들이 그들의 삶과 업적에 엄청난 신세를 지고 있다. 탈레스(Thales : BC 6세기 그리스 철학자)가 그런 사람이었다. 아르키메데스, 히파르코스(Hipparchus : BC 2세기경 그리스 수학자, 지리학자), 코페르니쿠스가 그러했다. 그리고 그 누구보다도 뉴턴이 바로 그런 인물이었다.

지금 여기에서 과학의 역사를 강의하려는 것은 아니다. 몇 번의 강의로 그런 작업을 한다는 것은 터무니없는 일일 것이다. 여기저기에서 특출한 인물들을 골라내 비교적 자세하게 살펴볼 것인데, 너무 많은 사람을 다루다가 각각의 개성과 뚜렷한 특징을 놓치는 일은 피하고 싶기 때문이다.

고대의 위대한 인물들에 대해서는 아는 바가 너무 적기 때문에, 이러한 목적에는 적절하지 않다. 그리스인들의 과학은 어떤 분야에서는 주목할 만하지만, 철학에 완전히 가려져 있다. 게다가 그들의 과학은 결과적으로 잘못된 방법론, 즉 귀납적이고 실험적인 방식이 아니라 주로 내성적이고 추측에 의한 방식에 기반을 두고 있었다.

그들은 사물과 현상을 관찰하고 기록하기보다, 자기 자신의 사고를 들여다보거나 단어의 의미를 따지는 방식으로 자연을 탐구했다. 물론 이러한 방식이 전적으로 불합리하다고 할 수는 없다. 그렇다고 해서 올바른 방법은 아니었고, 그들의 과학이 전적으로 이 방식에 의존한 것도 아니었기에 완전히 무가치하다고 할 수는 없다. 하지만 그 방식이 끼친 영향은 실질적으로 그들의 사유와 발견의 가치를 떨어뜨렸다.

진실과 거짓이 하나의 진술 안에 뒤엉켜 있을 때, 그것을 구분할 기준이 없기 때문에, 진실은 처음부터 언급되지 않았던 것이나 마찬가지로 감춰진다.

그 밖에도, 그들의 많은 발견들은 결국 세상에서 사라졌다. 알렉산드리아의 경우처럼 일부는 무슬림 정복자의 광신적인 방화로, 또 일부는 야만족의 침입으로 소실되었으며, 너무도 오래, 너무도 완전하게 암흑시대의 밤에 묻혀버려 마치 처음부터 존재하지 않았던 것처럼 모두가 거의 완전히 다시 발견되어야 했다.

고대 인물들 중 일부는 앞으로 언급할 기회가 있을 것이므로,

그들 중 몇몇을 연대순으로 정리해두었다. 그중 대표적인 인물로 내가 특별히 강조하고 싶은 사람은 아르키메데스Archimedes이다. 그는 지금껏 존재했던 과학자들 중 가장 위대한 인물 중 한 명이자 물리학의 아버지라 할 수 있다.

고대 과학과 근대 과학을 실질적으로 이어주는 유일한 연결 고리는 아랍인들이었다. 암흑시대는 유럽의 과학사를 완전히 단절시켰으며, 천 년이 넘는 시간 동안 이 지역을 제외하면 주목할 만한 과학자는 없었다. 그러나 아랍의 지식은 마법이나 주술과 뒤섞여 있었기 때문에, 과학의 발전이라 바라보긴 어려웠고, 실제로도 거의 진전이 없었다. 당시의 상황은 일부 '웨이버리 연대기 소설Waverley Novels'에서 잘 드러난다. 그 시대의 과학자는 대개 왕의 보호를 받으며 고대의 신탁처럼 중대한 일이 있을 때마다 자문을 해주는 아랍의 점성술사나 마법사의 모습으로 나타났을 뿐이다.

하지만 13세기에 유럽에서 현대 과학의 새벽을 알리는 진짜 위대한 과학자가 등장했다. 이 사람은 로저 베이컨Roger Bacon이다. 하지만 그는 알리는 것 이상을 했다고 말할 수는 없다. 가장 중요한 다음 사람을 위해 2백년을 기다려야만 했기 때문이다. 게다가 베이컨은 고립되어 있었으며 시대를 너무나 앞서 나갔기 때문에 추종자도 전혀 남기지 못했다. 그 자신의 업적은 널리 퍼져 있던 무지로부터 고통을 겪어야 했다. 박해받고 감옥에 갇혔기 때문이다. 그가 교회를 놀라게 했다는 진부하고 자연스러운 이유가 아니라 단순히 관습이 상도를 벗어났고 너무 많이 안다는 것 때문이었다.

앞에서 2백년 후에 나타난다고 언급했던 과학자는 레오나르도 다빈치Leonardo da Vinci이다. 그가 예술가로 가장 잘 알려져 있는 것은 사실이지만 그의 작품들을 읽게 된다면 그가 역사상 가장 과학적인 예술가였다는 결론에 도달하게 될 것이다.

그는 (당시에는 새로운) 원근법을 가르쳤으며, 빛과 그림자, 색채, 신체의 균형 그리고 그 밖에도 과학이 예술에 영향을 미친 수많은 문제들을 가르쳤다. 언제나 현대의 생각에 정확하게 일치하는 것은 아니었지만 아름답고 정확한 언어로 가르쳤다. 명확하고 깨어 있는 능력과, 광범위한 지식과 기술로 다빈치는 역사상 가장 뛰어난 인물들 중의 한 명이었다.

이 시기에 인쇄술의 발명이 이루어졌으며 콜럼버스는 의도치 않게 신대륙을 발견했다. 다음 세기의 중간은 현대 과학의 진정한 새벽으로 인정되어야 할 것이다. 1543년에 코페르니쿠스Nicolaus Copernicus의 필생의 역작이 발표되었기 때문이다.

니콜라스 코페르닉Nicolas Copernik이 그의 올바른 이름이고, 코페르니쿠스는 당대의 유행에 따른 단순히 라틴어풍의 이름일

뿐이다. 그는 1473년에 폴란드 프로이센의 토룬에서 태어났다. 그의 아버지는 독일인이었던 것으로 여겨진다. 그는 예술과 의학 박사로서 크라카우를 졸업했으며, 성직자가 될 예정이었다. 조용하고 별다른 사건이 없었던 것으로 보이는 그의 일생에 대한 상세한 내용은 전해지지 않고 있다.

크라카우에서 천문학을 공부했으며 볼로냐에서 수학을 배웠다. 그 후에 로마로 가서 수학 교수가 되었다. 곧 이어 그는 성직을 수행했다. 고향으로 돌아온 후 태어난 그곳의 주요 교회를 맡게 되었고 수사 신부가 되었다. 비스툴라 초입 근처의 프라우엔부르크(현재의 프롬보르크)에서 나머지 일생을 살았다. 그가 정부의 화폐주조에 대한 보고서를 작성했다는 것 외에는 알려진 것이 없다.

그는 연구에 몰두하는 기질의 조용하고 학구적인 수도사라는 그의 명성 덕분에 열성적인 학생들이 찾아와 직접 가르침을 받았다. 그렇게 공부와 사색 속에서 생을 보냈다.

그는 당시까지 발표된 것들보다 훨씬 더 정확한 행성운동표를 작성했고, 그 표는 오랫동안 유용하게 사용되었다. 기독교 시대 전반에 걸쳐 정통으로 받아들여지던 프톨레마이오스 (Ptolemaeos 85?~165? : 태양이 지구 주위를 돈다는 천동설을 주장)의 천체 체계를, 지구가 아닌 태양이 체계의 중심이라는 가설을 통해 개선하고 단순화하려 했다. 이런 변화에서 비롯되는 최초의 결과들을 오랜 세월에 걸쳐 계산했으며, 마침내 일생의 업적이라 할 수 있는 방대한 저작을 완성했다.

그의 유명한 저서인 《천구의 회전에 관하여(De Revolutionibus Orbium Coelestium)》는 정밀한 계산을 모두 담고 있으며, 자신의 새로운 체계를 태양계의 각 천체에 하나하나 적용하고, 그 밖의 난해한 문제들까지 다루고 있다.

생애가 끝날 무렵 이 책은 인쇄에 들어갔지만 이 책이 세상에 나오는 것을 그가 보았다고는 말할 수는 없다. 책이 완성되기 전에 중풍으로 쓰러졌고, 다만 임종을 앞두고 인쇄본 한 권이 그의 병상에 전달되어 그의 손에 쥐어졌을 뿐이다. 죽기 전에 잠시나마 그것을 만져볼 수 있었을 것이다.

코페르니쿠스가 과거에 존재했거나 머지않아 등장할 어떤 거장급의 지성이나 위대한 인물이었다고 믿을 만한 이유는 전혀 없다. 그는 그저 조용하고 성실하며 인내심 깊고 신앙심 깊은 사람이었고, 깊이 있는 연구자이자 편견 없는 사상가였을 뿐이다. 특별히 눈부시거나 인상적인 재능을 지닌 인물은 아니었지만, 그에게는 인류 사고의 흐름 전체를 뒤바꾸는 혁명을 이룰 사명이 주어졌던 것이다.

여러분은 그의 작품의 결과가 무엇이었는지 알고 있다. 그의 작품은 지구가 다른 행성들과 다를 바 없는 행성이며 태양 주변을 공전한다는 것을 단순히 추측해본 것이 아니라 증명을 했다.

한 문장으로 요약할 수 있는 내용이지만, 그 안에는 놀라운 통찰이 담겨 있다. 이 발견의 의미를 온전히 이해하려고 애써본 적이 없다면, 그 가치를 제대로 느끼기 어려울 것이다.

이 이론은 지금 우리에게 너무 익숙해서, 어릴 적부터 들어왔을 것이다. 하지만 정말로 그 뜻을 실감할 수 있을까? 나 자신도 그 의미를 깨닫기까지는 오랜 시간이 걸렸다. 나무와 집, 도시와 나라, 산과 바다로 이루어진 이 단단한 지구를 떠올려보라. 아시아와 아프리카, 아메리카의 광활한 대지를 떠올려보라. 그리고 그 모든 덩어리가 팽이처럼 자전하면서, 동시에 태양 둘레를 초당 19마일의 속도로 돌고 있다고 상상해 보라.

우리가 익숙해져 있지 않았다면, 이 개념은 실로 충격적이었을 것이다. 그러니 처음에 반신반의 속에 받아들였던 것도 무리는 아니다. 그러나 이 개념이 주는 어려움은 단지 물리적인 것에 그치지 않는다. 사변적이고 신학적인 관점에서 혼란은 훨씬 더 컸다. 사실 신학과의 조화는 오늘날에 이르기까지도 완전히 이루어졌다고는 할 수 없다.

오늘날에는 신학자들이 지구가 우주의 구성에서 종속적인 위치에 있다는 사실을 부정하지는 않지만, 많은 이들이 이를 외면하거나 그냥 지나쳐 버린다. 교회가 이 새로운 학설들이 지닌 엄청나고 혁명적인 의미를 깨닫게 되었을 때, 전통에 충실하고자 한다면 저항할 수밖에 없었다. 만약 그 학설을 받아들인다면 인간의 사고방식 전체가 바뀌어야 했기 때문이다. 만약 지구가 우주의 중심이자 가장 중요한 존재가 아니라면, 태양과 행성, 별들이 부차적이고 종속적인 빛이 아니라 지구보다 크고 어쩌면 더 우월한 다른 세계들이라면, 인간은 우주에서 어떤 자리를 차지하고 있는 것일까? 그리고 그들이 결코 부정할 수 없다고 주장해온 교리들은 어떻게 해야 하는 것일까?

새로운 학설들이 과거의 교리 중 본질적인 부분과 완전히 양립 불가능하다고 주장할 수는 없다. 만약 신학자들에게 이 문제를 차분히 숙고할 인내심과 통찰력이 있었다면, 그들도 오늘날 우리가 이룬 정도의 조화에는 도달할 수 있었으리라 생각한다. 그렇게 했다면 과학적 진리가 자유롭게 확산되는 것을 방해하지 않았을 뿐 아니라, 어쩌면 오늘날 고위 가톨릭 성직자들 가운데 상당수가 그러하듯이, 그들 스스로도 성실한 탐구자이자 연구자의 대열에 합류했을지도 모른다.

하지만 그것은 지나친 기대였다. 그런 계시는 하루아침에, 혹은 한 세기 만에 받아들여질 수 있는 것이 아니었다. 가장 손쉬운 방법은 그것을 이단으로 간주하고 억누르려 하는 것이었다.

그러나 코페르니쿠스가 살아 있는 동안 그들은 그 학설이 지닌 위험한 성향을 알아차리지 못했다. 부분적으로는 그것이 까다롭고 학술적인 논문 속에 묻혀 있었기에 쉽게 이해될 수 없었기 때문이고, 또 부분적으로는 성직자가 제시한 이론이었기 때문이었다.

 무엇보다 그는 조용하고 신중한 사람이었기에, 목소리를 높이거나 독선적으로 주장하지 않고, 조용한 대화 속에서 자신의 견해를 제시하며 출간 전 30년 동안 천천히 퍼져가도록 두었기 때문이다. 그리고 마침내 그가 책을 출간하면서 영리하게도 자신의 위대한 저서를 교황에게 헌정했고, 한 추기경이 인쇄 비용을 부담했다. 이렇게 하여 로마 교회는, 다음 세기에 저주를 퍼붓고, 지지자들에게는 고문과 투옥, 죽음을 안기게 될 그 진리 체계에 대하여 사실상 보증인이 되었던 것이다.

 코페르니쿠스의 이론이 가져온 사고의 변화, 곧 우주에 대한 완전히 새로운 관점을 이해하려면, 우리는 그 이전 시대로 돌아가서, 지구의 형태와 천체의 운동에 관해 그동안 어떤 관점들이 그럴듯한 것으로 받아들여져 왔는지를 되짚어볼 필요가 있다.

 지구에 대해 기록한 과거의 생각은 무한한 대양 속에 떠 있는 납작한 구역이라는 아주 자연스러운 것이었다. 태양은 마차를 타고 하루에 한 번씩 하늘을 가로질러 가는 신이었다. 태양은 단지 불타는 둥근 공일뿐이며, 아마 그리스 정도의 크기일 것이라고 가르쳤다는 이유로 아낙사고라스(Anaxagoras : BC 5세기경 활동한 그리스 철학자)는 살해 위협을 받고 추방형을 받았다.

 태양이 매일 아침 동쪽에서 다시 떠오르는 방법과 관련된 명백한 어려움은, 태양이 어둠 속에서 다시 돌아온다는 가설이나,

그림 1 고대 이집트인들이 상상한 우주의 구조
지구는 잎이 달린 형상으로, 하늘은 별이 흩뿌려진 형상으로 표현되어 있다. 우주를 지탱하고 균형을 이루는 원리와 해가 뜨고 지는 태양신의 배를 묘사하고 있다.

매일 새로운 태양이 생긴다는 생각으로 해결된 것은 아니었다. 대신 이 문제는, 지구 북쪽에는 높은 산맥이 있고, 태양은 그 뒤쪽, 바다의 표면을 따라 돌아온다는 이론으로 설명되었다.

태양이 배를 타고 하늘을 도는 모습으로 묘사된 경우도 종종 있었다. 시간이 지나면서 태양이 지구 아래로도 이동할 수 있어야 한다는 생각이 나타났고, 이에 따라 지구는 기둥이나 나무뿌리 위에 놓여 있다고 여겨지거나, 공중에 떠 있는 돔 형태의 몸체로 상상되었다. 이는 스위프트의 소설에 나오는 공중의 섬 라

그림 2 힌두식 지구

퓨타Laputa와 비슷하다. 힌두교의 지구관에서 말하는 코끼리와 거북도 분명히 상징적이거나 전형적인 표현이지, 문자 그대로 받아들일 일은 아니다.

하지만 아리스토텔레스는 지구가 반드시 구체(球體)여야 한다고 가르쳤으며, 오늘날 어린이 지리책에도 나오는 정통적인 논거들을 — 예를 들어, 바다에서 배가 보이는 방식이나 월식 현상에 관한 설명 — 모두 사용했다.

그러나 지구가 구체라는 개념을 받아들이는 데 있어, 반대편에 존재할 수 있는 '대척지(對蹠地)'를 상상하는 일은 엄청나게 어려웠을 것이다.

그 시대에 그런 거꾸로 된 지역에 실제로 사람이 살 수 있다고까지 생각한 사람이 있었을지는 거의 상상하기 어렵다.

나는 똑똑한 아이들이 지구의 반대편에도 사람들이 살고 있다는 사실을 이해하는 데 늘 큰 어려움을 느낀다는 것을 알게 되었다. 일반적으로 순박한 아이들, 즉 어리석은 사람들과 마찬가지로 생각 없이 들은 대로 곧이곧대로 믿는 아이들은 물론 그런 문제를 전혀 신경 쓰지 않는다. 하지만 사려 깊고 똑똑한 아이들이 겪는 바로 그런 종류의 어려움은 매우 교훈적이다. 초기 철학자들 역시 분명히 그와 똑같은 어려움에 직면했을 것이며, 그들은 오직 자신의 지성과 통찰력으로 그것을 극복했기 때문이다.

하지만 둥그런 지구라는 개념이 이럭저럭 점차 이해되었으며, 천체는 모두 그 주위를 도는 것으로 이해되었다. 일부는 별들이 그렇듯이 모두 하나의 둥근 껍질이거나 하늘에 고정되어 움직이며, 일부는 불규칙적이며 언뜻 보기에 변칙적으로 움직인다. 그래서 이런 불규칙한 천체들은 행성(또는 방랑별)으로 불리게 되었다. 그것들 중 일곱 개는 달, 수성, 금성, 태양, 화성, 목성, 토성으로 알려졌으며, 이 일곱이라는 수는 일주일의 기원이 되었다는 것은 분명하다.

고대 행성들의 순서는 지구로부터 추정되는 거리의 순서이다. 하지만 고대인들이 언제나 그런 순서로 사용했던 것은 아니다. 가끔은 수성이나 금성보다 태양이 더 가까운 것으로 추정했다. 언제나 천체 중에서 달이 가장 가깝다고 알려져 있었으며, 그 거리에 대한 대략적인 생각은 현재와 같다. 금성, 목성, 토성의 순서가 된 것은 그것들의 명확한 움직임의 순서이기 때문이며, 가장 느리게 움직이는 천체가 가장 멀리 떨어져 있다고 생각하는 것은 자연스러웠다.

일주일의 요일 순서는 점성술사들이 생각했던 행성의 순서를 보여준다. 그들은 하루의 각 시간을 순차적으로 행성이 다스린다고 보았다. 그림 3에 따르면, 태양이 어떤 날의 첫 시간을 다스리면 그날은 태양의 이름을 따서 명명된다. 이어서 금성이 두 번째 시간을, 수성이 세 번째 시간을 다스리는 식으로 순서가 이어진다.

이 방식에 따르면 태양은 그날의 여덟 번째, 열다섯 번째, 스물두 번째 시간을 다스리게 되고, 금성은 스물세 번째, 수성은 스물네 번째 시간을 맡게 된다. 그러면 다음 날의 첫 시간을 달이 다스리게 되고, 따라서 그날은 월요일Monday이 된다. 같은 원리에 따라(화살표를 따라 시간을 순서대로 번호를 매기면) 그다음 날의 첫 시간은 화성, 그 다음 날의 첫 시간은 수성(프랑스어 표기:Mercredi)이 다스리는 식으로 이어진다. 이 순서는 도표의 직선 경로를 따라가며 확인할 수 있다.

행성들이 원을 따라 시계 반대 방향으로 배열된 순서는, 다시

그림 3 요일에 대응하는 고대 행성의 배열

말해 각 행성의 고유한 운동 방향은 본문에서 앞서 언급한 순서와 같다.

행성들의 운동을 설명하고 그것들을 어떤 형태로든 법칙 안에 포함시키려는 작업은 엄청난 어려움이 따르는 일이었다. 고대 최고의 천문학자는 히파르코스였고, 오늘날 '프톨레마이오스 체계'로 알려진 체계 역시 상당 부분 그로부터 유래된 것은 분명하다. 그러나 이 체계를 세상에 본격적으로 전달한 것은 프톨레마이오스였다. 그래서 그의 이름을 따서 불리게 된 것이다.

이 체계는 매우 훌륭한 작업이었으며, 그 이전의 어떤 체계보다도 큰 진보를 이루었다. 물론 오류로 가득 차 있지만, 그럼에도 상당한 진실에 기초하고 있다는 점에서 의미가 있었다. 이전에 언급한 여러 체계들에 비해 이 체계의 우수성은 분명하며, 실제로 훨씬 정교하게 다듬어진 형태에서는 관측된 행성들의 운동을 상당히 잘 설명할 수 있었다.

이 체계의 초기 단계, 이를테면 에우독소스(Eudoxus : BC 4세기경 그리스 수학자)가 가르쳤던 방식에 따르면, 각 행성은 수정으로 된 구체에 붙어 있으며, 이 구체가 회전하면서 그 행성들도 함께 움직인다고 생각했다. 다른 행성과 별들이 그 너머로 보인다는 사실을 설명하기 위해, 이 구체는 투명한 수정으로 되어 있어야만 했다.

이렇게 일곱 개의 행성 구체가 서로 안쪽에 끼워지듯 배열되어 있었고, 그 바깥에는 별들이 박혀 있는 더 큰 구체가 하나 더 있었다. 이 구체는 나머지 모든 구체를 회전시키는 것으로 여겨졌으며, 이를 최초의 운동체primum mobile라고 불렀다. 이 전체 체계는 회전하면서, 극소수의 선택된 자들만이 들을 수 있는 일종의 장엄한 조화를 이루는 소리, 즉 '천구의 음악'을 들려준다고 믿었다.

피타고라스의 열성적인 제자들은 그들의 스승이 이 고귀한 찬가를 들을 수 있는 특권을 지니고 있다고 믿었다. 그리고 자연의 조화를 관조하는 데 깊이 몰입하고 황홀한 기쁨을 느끼는

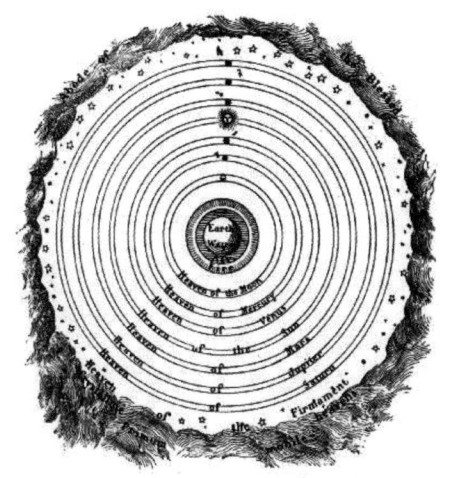

그림 4 프톨레마이오스식 체계

위대한 인물은 이러한 시적인 개념으로 표현되는 것이 실제로 어울린다고 믿는 것은 당연하다고 생각했다.

행성들의 관측된 운동을 만들어내기 위해 최초의 운동체로부터 다른 구체들에 전달된다고 가정된 운동의 구체적인 형태는 여러 철학자들에 의해 수정되고 개선되어, 결국 히파르코스와 프톨레마이오스의 주전원(周轉圓, epicyclic) 체계로 발전하였다.

밤마다 행성(예를 들면 화성이나 목성)을 관찰하고, 그 위치를 천구의(天球儀)나 별자리 지도에 고정된 별들을 기준으로 기록해보는 것은 매우 유익하다. 또는, 알려진 별들과의 정렬을 통해 직접 관측하는 대신, 위태커 연감Whitaker's Almanac에서 행성의 적경

(赤經)과 적위(赤緯)를 찾아 기록하는 것이 더 쉽다. 이런 작업을 1~2년간 계속하면, 행성의 운동이 결코 일정하지 않으며, 전체적으로는 앞으로 나아가지만 때때로 정지하거나 후퇴하기도 한다는 사실을 알 수 있을 것이다.

이러한 행성의 '정지'와 '역행' 현상은 고대인들에게도 잘 알려져 있었다. 그러나 수정으로 된 천구가 불규칙한 운동을 한다고 생각하는 것은 있을 수 없는 일이었고, 일정한 원운동의 원칙을 쉽게 포기할 수도 없었다. 그래서 주된 천구가 행성 자체를 움직이는 것이 아니라, 그보다 작은 보조 천구의 중심 또는 축을 운반한다고 가정하게 되었다. 그리고 행성은 이 보조 천구에 의해 움직인다고 보았다. 이 작은 천구는 주된 천구와는 다른 일정한 속도로 회전할 수 있도록 허용되었고, 그 결과 복잡한 형태의 궤적이 만들어질 수 있었다.

공간 안에서, 원이나 구의 한 점이 그리는 곡선은 ― 그 원이나 구 자체가 동시에 움직이는 경우 ― 일종의 싸이클로이드 cycloid 곡선이 된다. 만약 그리는 원의 중심이 직선을 따라 이동하면, 마치 마차 바퀴에 박힌 못이 공중에 그리는 곡선처럼, 일반적인 싸이클로이드 곡선이 얻어진다. 그러나 그 중심이 다른 원을 따라 움직이면, 그려지는 곡선은 에피싸이클로이드 epicycloid 곡선이라고 불린다.

이러한 곡선들을 통해 행성의 정지와 역행 현상을 설명할 수

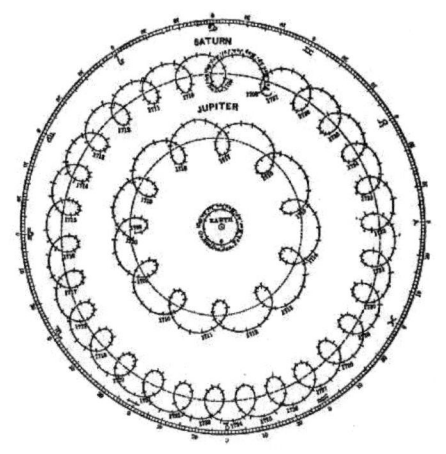

그림 5 목성과 토성의 겉보기 이심원 궤도
지구가 중심에 고정되어 있고, 태양이 작은 원을 따라 회전한다고 가정했을 때의 모양이다. 각 행성은 해마다 한 번씩 고리를 그리며 움직인다.

있었다. 하나의 큰 천구가 특정 행성의 '1년' 동안 한 바퀴를 회전하며, 그 안에 행성이 고정된 보조 천구를 함께 운반하는 것이다. 이 보조 천구는 다시 지구의 '1년'에 해당하는 기간 동안 한 바퀴를 돈다. 이렇게 해서 실제로 그려지는 고리 모양의 곡선은, 첨부된 그림 5에서 목성과 토성의 경우를 예시로 보여주고 있다.

코페르니쿠스의 체계가 주전원의 개념 전체를 완전히 없애버렸다고 생각해서는 안 된다. 사실 주전원의 개념은 오늘날에도 완전히 사라졌다고 말하긴 어렵다. 행성의 운동을 설명하는 방식으로서 주전원은 부정확하지는 않지만, 기하학적으로는 번거롭고 복잡하다. 이를테면 기차의 움직임을 설명하면서, 바퀴 테두리의 모든 점이 지구를 기준으로는 싸이클로이드 곡선을 그리고, 기차를 기준으로는 원운동을 하며, 기차의 전체 운동은 이 싸이클로이드와 원운동이 합성된 것이라고 말한다면, 그것은 틀린 말은 아니지만 너무 번거로운 설명이 되는 것과 같다.

프톨레마이오스 체계에서는 지구의 운동에 따라 결정되는 큰 주전원이 필요했으며, 코페르니쿠스는 바로 이것들을 무너뜨린 것이었다. 하지만 행성 운동의 더 미세한 세부 사항을 표현하기 위해서는 작은 주전원들이 여전히 남아 있었고, 관측의 정밀도가 높아질수록 이들은 점점 더 복잡해졌다. 그러다 결국 코페르니쿠스나 프톨레마이오스보다 더 위대한 인물인 케플러가 등장하여, 이 모든 주전원들을 하나의 단순한 타원으로 대체했다.

코페르니쿠스의 업적을 간략히 살펴보면서 꼭 언급해야 할 점이 하나 있다. 히파르코스는 자신이 관측한 몇 가지 현상을 매우 통찰력 있게 해석함으로써, 분점(分點)의 세차(歲差) 운동이라 불리는 놀라운 현상을 발견했다. 이는 과학사에서 가장 위대한 발견 중 하나로, 세계사의 어느 시대든 이를 발견한 사람은 큰 명성을 얻었을 것이다. 오늘날에도 마찬가지다. 이 현상은 대중적인 언어로 설명하기가 쉽지 않고, 어느 정도 전문 용어를 사용할 수밖에 없지만, 한번 시도해 보자.

지구의 공전 궤도를 하늘로 연장하면 태양이 1년 동안 겉보기로 따라가는 경로가 된다. 이 경로를 황도(黃道, ecliptic)라고 부르는데, 이는 일식이나 월식이 오직 이 경로상에 달이 있을 때만 일어나기 때문이다. 태양은 이 경로를 정확하게 따라 움직이지만, 행성들은 그 위아래로 다소 벗어나며, 달은 훨씬 더 많이 벗어난다.

하지만 어떤 종류든 일식이나 월식이 일어나려면, 지구와 달, 태양을 일직선으로 잇는 선이 그려질 수 있어야 한다(물론 그 중심을 꼭 통과할 필요는 없다). 그러기 위해서는 이 세 가지 천체의 일부가 하나의 평면 위에 있어야 하고, 그 평면은 황도이거나 황도와 매우 가까운 것이어야 한다. 황도는 구면 위의 하나의 큰 원이며, 천구의나 지구의에도 보통 함께 표시되어 있다.

지구의 적도를 하늘로 연장한 선은 하늘에서도 여전히 적도라고 부르며, 때때로 어색하게 '주야평분선equinoctial'이라 불리기도 한다. 이 하늘의 적도는 황도와 기울어진 또 하나의 대원(大圓)을 이루며, 황도를 두 지점에서 마주 보듯 가로지른다. 이 두 지점은 각각 양자리(♈)와 천칭자리(♎)의 기호로 표시되며, 합쳐서 춘분점과 추분점, 즉 분점(分點, equinoxes)이라 불린다. 이 이름이 붙은 이유는, 태양이 황도상에서 이 지점들에 위치할 때는 하늘의 적도 위에 일시적으로 겹쳐 있기 때문에, 지구 자전축에 대해 대칭적으로 놓이게 되고, 그 결과 전 지구적으로 밤과 낮의 길이가 같아지기 때문이다.

히파르코스는 오랜 기간 동안 태양의 위치를 기록하고 분석한 끝에, 황도와 천구의 적도가 교차하는 지점들, 즉 분점들이 세기에서 세기로 이어지며 고정된 것이 아니라 별들 사이에서 서서히 이동하고 있다는 사실을 발견했다.

이 지점들은 마치 태양을 향해 움직이는 것처럼 보이며, 그 결과 태양은 실제로 공전 주기를 모두 마치기 20분 23 $\frac{1}{4}$ 초 전에 다시 분점 중 하나에 도달하게 된다. 즉, 진짜 1년이 다 끝나기 전에 다시 그 지점에 도달하는 것이다. 이처럼 목표 지점이 천천히 앞당겨지는 현상을 '세차(歲差, precession)'라고 하며, 구체적으로는 '분점의 세차precession of the equinoxes'라 부른다.

이 현상의 한 가지 결과는, 우리가 사용하는 1년의 길이를 약 20분 정도 짧게 만든다는 점이다. 우리의 계절은 태양이 지구 자전축에 대해 어떤 위치에 있느냐에 따라 결정되기 때문에, 이 짧아진 주기를 기준으로 1년을 삼을 수밖에 없기 때문이다.

코페르니쿠스는 지구의 운동을 전제로 하면 이 현상을 더 명확하게 설명할 수 있다는 점을 간파했다. 일반적인 설명에 따르면, 지구의 자전축은 지구가 태양 둘레를 공전하는 동안에도 항상 스스로 평행한 상태, 즉 일정한 방향을 유지한다고 한다. 그러나 만약 이 자전축이 고정된 것이 아니라 아주 느린 회전 운동을 하여 약 2만 6천 년에 걸쳐 원뿔 모양을 그린다고 가정하면, 자전축과 함께 움직이는 천구의 적도 역시 같은 운동을 하게 되고, 이 적도와 황도 사이의 교차점인 분점의 이동도 자연스럽게 설명된다. 다시 말해, 분점의 세차 현상은 지구 자전축의 느린 원뿔형 회전에 의해 발생하며, 그에 의존하는 현상이라는 것이 드러나는 것이다.

지구 자전축의 양 끝을 하늘로 연장하면, 이는 천구의 북극과 남극이 되는데, 이 축이 원뿔을 그리며 천천히 움직이기 때문에 하늘 위에서 그 끝점들도 별들 사이를 따라 대략 원형의 경로를 서서히 그리게 된다. 역사 시대 동안 북극이 지나온 경로는 첨부된 그림 6에 나타나 있다.

현재 북극은 작은곰자리의 별들 중 하나의 근처에 위치해 있어서 우리는 그것을 '북극성'이라 부른다. 하지만 그것이 언제나 그랬던 것은 아니며, 앞으로도 계속 그러리라는 보장도 없다. 그림에는 약 4,000년 전 북극의 위치도 함께 표시되어 있다. 이 순환 운동은 약 26,000년에 걸쳐 한 바퀴를 완성하게 된다.

지구 자전축의 원뿔형 운동에 대한 인식은, 수많은 사실들을 하나의 현상으로 통합해낸 코페르니쿠스의 아름다운 일반화였

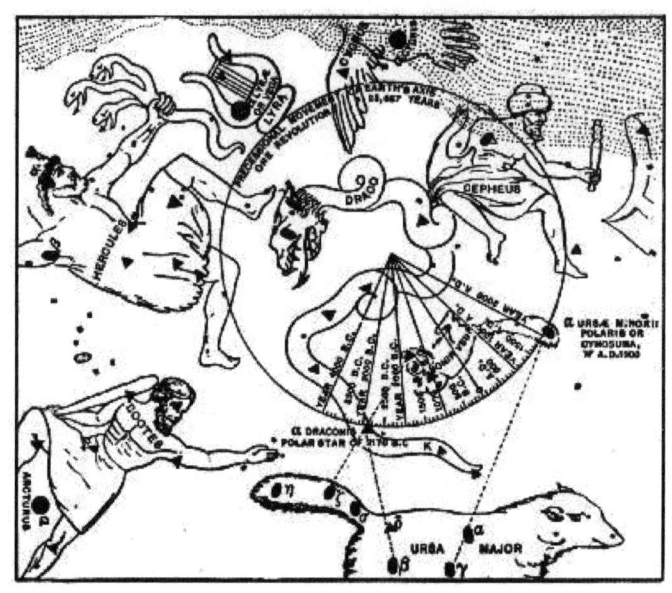

그림 6 별들 사이에서 북극이 원을 그리며 천천히 움직이는 모습

다. 물론 그는 자전축 자체가 왜 그런 운동을 하는지에 대해서는 설명하지 않았다. 단지 그러한 운동이 일어난다는 사실을 제시했을 뿐이며, 아마도 그 원인을 찾으려는 생각 자체를 하지 않았을 것이다.

나중에 이 현상에 대한 설명이 제시되었는데, 그것도 아주 완전한 설명이었다. 그러나 애초에 그 설명을 찾으려 했다는 발상 자체가 눈부시고 놀라운 것이었다. 그리고 실제로 그 설명을 한 개인이 해낸 방식은 과학사에서 가장 경이로운 업적 중 하나로 꼽힌다. 만약 그 인물이 이와 비슷하거나 더 놀라운 업적을 열두 가지나 이루어내지 않았다면, 우리는 그를 단순히 가장 위대한 천문학자 중 한 사람으로 평가했을 것이다. 그러나 그는 그 경계를 훌쩍 넘어서는 인물이었다.

그 인물은 바로 아이작 뉴턴Isaac Newton 경이다.

이제 우리는 코페르니쿠스의 평생 업적을 다음과 같이 기억해야 한다. 그는 지구 대신 태양을 태양계의 중심에 놓아 태양의 참된 위치를 밝혔고, 이로써 행성 운동 이론을 크게 단순화했다. 또한, 더 간단한 에피사이클 연쇄만으로 충분해졌으며, 이를 수학적으로 정리해냈다.

그는 히파르코스가 발견한 춘분점 세차 운동이 지구 축의 원뿔형 운동에 의한 것임을 설명했고, 보다 단순한 이론과 더욱 정확한 행성표를 통해, 세부사항의 과중한 부담 때문에 천문학 자체를 불가능하게 만들 위기에 처해 있던 프톨레마이오스 체계의 혼란과 오류를 어느 정도 질서 있게 정리해냈다.

그의 체계에는 분명 여러 가지 불완전한 점이 있었다. 그러나 그의 가장 큰 공적은, 수세기 동안 내려온 편견에 얽매이지 않고 자연의 사실을 자신의 눈으로 바라볼 용기를 가졌다는 데 있다. 오랜 세월의 권위와 위대한 이름들로 뒷받침된 하나의 체계가 보편적으로 받아들여지고 있었고, 수세기 동안 의심 없이 믿어져 왔다.

모든 이의 사고가 전통과 권위에 지배받고, 의심하는 것 자체가 죄로 여겨졌던 시대에, 그러한 체계를 의심하고 새로운, 더 나은 체계를 추구한다는 것은 위대한 지성과 높은 인격 없이는 불가능한 일이었다. 프라우엔부르크의 이 수도사에게는 바로 그런 지성과 인격이 있었다.

또한 흥미로운 점은, 종교적 신념이 깊지 않은 이들이 보이는 소심한 '신앙적 양심'이 코페르니쿠스에게는 전혀 영향을 끼치지 않았다는 것이다. 그가 자신에게 계시된 또 다른 형태의 진리, 즉 새로운 체계의 진리를 발표하는 데 주저했던 것은, 기존 진리에 미칠 영향이 두려워서가 아니었다. 그는 헌사에서 이렇게 말하고 있다.

"수학에 대해 아무것도 모르면서도 이 문제들을 판단하려 들고, 성경 구절 하나를 제멋대로 끌어다 붙여 내 작업을 비난하고 트집 잡으려는 잡담꾼들이 있다면, 나는 그들을 개의치 않으며 그들의 판단을 거리낌 없이 경멸할 것이다."

그의 전기작가들 중의 한 명의 말로 결론을 맺으려 한다.

코페르니쿠스가 자연의 어두운 곳을, 후대에 어떤 경이로운 정신이 한 것처럼 환히 비추었다고는 말할 수 없다. 그러나 과학사의 긴 흐름을 돌아보면, 흐릿하게나마 거대한 옛 수도사의 모습이 주변의 침체된 평야 위로 우뚝 솟아오르는 듯하다. 그는 머리로 그들을 덮은 안개를 뚫고, 떠오르는 태양의 첫 빛을 붙잡는다.

"창조주가 돌진하는 새벽의 붉은 빛으로 달군, 쇠붙이로 된 봉우리처럼" — 모톤(E.J.C. Morton)

제2장
티코 브라헤와 초기의 천문대

앞서 우리는 코페르니쿠스가 지구를 태양계 내의 올바른 위치에 놓았다는 사실을 살펴보았다. 그는 지구를 중심이 아닌, 중앙의 광원 주위를 도는 여러 세계들 가운데 하나로 보았다. 이로써 설명되어야 할 두 가지 현상이 있다.

첫째는 하늘 전체가 하루에 한 바퀴 도는 듯한 일주 운동(日周運動), 둘째는 태양이 별들 사이를 따라 해마다 이동하는 듯한 연주 운동(年周運動)이다.

자전의 효과는 누구에게나 뚜렷하게 드러나며, 하늘에 보이는 모든 별들이 동쪽에서 떠오르고 남쪽 하늘을 지나 서쪽으로 지는 현상을 설명해준다. 이에 비해 태양의 연주 운동, 다시 말해 별들 사이에서 태양이 겉으로 보이는 연간 이동 효과는 덜 분명하지만, 일 년 중 서로 다른 계절의 저녁 시간에 보이는 별자리를 관찰하면 비교적 쉽게 따라잡을 수 있다.

예를 들어, 자정 무렵에는 태양의 위치가 항상 북쪽에 고정되어 있다. 그러나 그때 남쪽 하늘에 정중앙으로 떠 있는 별자리나, 떠오르거나 지고 있는 별자리는 계절에 따라 달라진다. 한 달 간격은 별자리의 모습에 있어서 두 시간 간격과 같은 변화를 일으키는데, 이는 하루가 24시간이고, 일 년이 12개월이기 때문에 하루의 시간이 한 해의 개월 수의 두 배이기 때문이다. 예를 들어, 10월 1일 자정에 본 하늘의 모습은 11월 1일 밤 10시에 본 하늘의 모습과 같다.

이러한 단순한 결과들 — 지구 중심설과 태양 중심설의 관점에서 나타나는 차이들 — 은 모두 코페르니쿠스가 지적한 바이며, 그는 이보다 더 중요한 업적으로 자신의 이론에 기초한 보다 정밀한 행성표를 만들어냈다. 그러나 코페르니쿠스 자신도 지구의 운동이라는 가설이 어려운 문제라는 점을 인식하고 있었다. 우리가 지금 생각하듯 그렇게 단순하고 당연한 일은 결코 아니었으며, 당시에 그것에 대한 거센 반발이 있었던 것도 결코 이상한 일이 아니다.

인류는 오랫동안 진리를 비웃고 저항하다가, 결국에는 너무도 무비판적이고 상상력 없이 그것을 받아들이는 경향이 있다. 그 결과, 그 진리를 처음 제시한 사람들이 어떤 위대한 업적을 이루었는지, 또 그들이 어떤 어려움을 극복해야 했는지를 제대로 인식하지 못한다. 오늘날 대부분의 사람들은 지구의 운동에 대해 듣는 데 익숙해졌지만, 그것을 받아들이는 태도는 실질적인 의미가 없다. 오히려 그 운동을 부정하는 괴짜의 태도가 더 지적으로 보일 정도다.

하늘의 여러 현상들, 특히 하늘 전체가 하루에 한 바퀴 도는 듯한 현상을 지구의 자전에 의해 설명하려는 생각이 그 누구에게도 떠오르지 않았던 것은 아니다. 당시에도 이러한 생각은 종종 '피타고라스 학설'로 불렸으며, 실제로는 아리스타르코스(Aristarchus : BC 3세기경 그리스 천문학자, 수학자)가 이미 가르쳤던 것으로 알려져 있다. 그러나 이 발상은 당시의 세계에서는 새로운 것이었고, 아리스토텔레스라는 거대한 권위가 그것을 반대하고 있었다.

그 결과 코페르니쿠스 이후로도 오랫동안 이 이론을 지지한 사람들은 소수의 선구자들뿐이었고, 오랫동안 확립되어 온 존경받는 프톨레마이오스 체계는 여전히 모든 대학에서 가르쳐지고 있었다.

지구의 운동에 반대하는 주요 반론들은 다음과 같은 것들이었다.

1. 움직임이 느껴지지 않으며 상상하기 어렵다.

느껴지지 않는다는 것은 변화가 없기 때문이며 기계적으로 설명될 수 있다. 상상하기 어렵다는 것이 여전히 사실로 남아 있지만 우리가 배워야 하는 가장 중요한 교훈은 상상하기 어렵다고 해서 그것이 현실이 아니라는 근거가 될 수는 없다는 점이다.

2. 계절이 바뀌어도 별들의 상대적 위치는 변하지 않으며, 별자리들은 정밀한 측정에도 불구하고 항상 똑같은 모습을 유지한다는 점.

이것은 실제로 매우 큰 난점이다. 6월이 되면 지구는 12월에 있던 자리에서 약 1억 8,400만 마일이나 떨어져 있다. 그런데 어떻게 우리가 똑같은 별들을, 그것도 정확히 같은 모습으로 볼 수 있는가? 그것은 별들이 사실상 무한히 멀리 떨어져 있지 않고서는 불가능하다. 이것이 유일한 대답이며, 코페르니쿠스가 조심스럽게 제시한 답이기도 하다. 그리고 그것은 옳은 답이다.

지구의 모든 위치에서뿐만 아니라, 태양계의 다른 행성들에서도 똑같은 별자리들이 보이고, 별들은 같은 모습을 유지한다. 태양계 전체의 광대함도, 별들까지의 거리 앞에서는 사실상 한 점으로 수축해 버리는 것이다.

그러나 그것들은 완전히 점처럼 미세하여 현대의 놀라운 정밀성을 무력화할 정도는 아니었고, 마침내 계절에 따른 미세한 상대적 위치 변화를 포착해낼 수 있게 되었으며, 이를 통해 많은 별들의 거리가 측정되었다.

3. 지구가 태양 주위를 돌고 있다면 수성과 금성도 달처럼 위상(位相, 초승달·반달·만월 따위)을 보여야 한다.

당연히 그래야 한다. 어떤 천체든 우리보다 태양에 더 가까이 있고, 우리가 그 둘레를 돌고 있다면, 그 천체는 반드시 위상 변화를 보여야 한다. 우리가 그 천체의 밝은 반구를 어느 각도에서 보느냐에 따라 보이는 모양이 달라지기 때문이다.

이에 대해 코페르니쿠스가 할 수 있었던 유일한 대답은, 그 위상 변화가 너무 미세해서 우리의 시력으로는 보기 어려울 수 있다는 것이었다. 하지만 그는 언젠가 우리의 시력이 더 향상된다면, 그 위상 변화가 실제로 관측될 것이라고 예견했다.

4. 지구가 움직이거나 심지어 자전하고 있다면, 돌이나 다른 물체를 떨어뜨렸을 때 그것은 멀리 뒤처져야 한다.

그러나 이 문제는 앞서 언급한 두 가지와 같은 실제적인 어려움은 아니었고, 그 당시에는 아직 정립되지 않았던 역학 법칙에 대한 무지에 기반한 것이었다.

우리는 지금, 높은 탑에서 떨어뜨린 공은 뒤처지기는커녕 오히려 수직선의 발밑보다 아주 미세하게 앞쪽으로 떨어진다는 것을 알고 있다. 이는 자전 때문에 탑의 꼭대기가 밑부분보다 아주 약간 더 빠르게 움직이기 때문이다. 그러나 이를 무시하더라도, 기차 객차의 천장에서 떨어뜨린 돌은 객차가 정지해 있든 꾸준히 움직이든 바닥 중앙에 떨어진다. 돌이 비스듬히 떨어지는 방향은 객차가 가속 중이거나 제동이 걸렸을 때만 감지할 수 있다.

움직이는 객차에서 떨어뜨린 물체는 객차의 운동을 함께 가지며, 그 운동이 초기 속도가 된다. 움직이는 기구에서 떨어뜨린 공도 단순히 곧장 떨어지지 않고, 기구가 움직이던 방향으로 먼저 나아가며, 그 운동은 곧 중력에 의해 수정된다.

이것은 던지기의 원리와 정확히 같다. 실제로, 던진다는 행위 전체가 바로 '움직이는 객차에서 공을 떨어뜨리는 것'이다. 객차가 손의 역할을 하고, 멀리 던지기 위해서는 달려가며 몸 전체를 앞으로 밀어주고, 어깨를 축으로 하여 팔도 가능한 한 빠르게 움직여야 한다.

팔뚝은 더 빠르게 움직일 수 있고, 손목 관절은 또 다른 운동을 만들어낸다. 던지기의 기술은 이 모든 운동을 한순간에 집중시키고, 각각이 최대 속도에 도달했을 때 공을 놓아주는 데 있다. 그러면 공은 이렇게 부여된 초기 속도를 가지고 출발하여 중력에 맡겨진다.

만약 기차가 바람을 타고 일정하게 떠가는 풍선처럼 꾸준히 움직일 수 있다면, 그 안에 있는 사람에게는 공이 단순히 아래로 떨어지는 것처럼 보일 것이다. 그리고 공은 출발한 지점의 바로 아래가 아니라, 이동하는 기차의 진행 방향을 따라 바로 밑에 떨어지게 된다.

　공기 저항 때문에 이런 종류의 관측은 정확도가 떨어지지만, 객차 내부처럼 공기도 함께 움직이는 환경에서는 예외다. 그렇지 않다면, 누군가가 기차 창밖으로 공을 던지고 받는 동작은 정지해 있을 때처럼 똑같이 할 수 없을 것이다. 그러나 실제로는 마치 멈춰 있는 것처럼 공을 던지고 받을 수 있다. 다만 바깥에서 지켜보는 사람에게는, 그가 마치 엄청난 기술을 발휘해 공을 포물선으로 던져 자기 손으로 정확히 되돌려받는 것처럼 보일 뿐이다.

　같은 원리는 서커스에서 말 타고 점프하는 곡예를 더 어렵게 보이게 만든다. 사실 곡예사는 단지 말 위에서 위아래로 점프만 하면 된다. 후프를 통과하는 전진 운동은 말이 움직이고 있기 때문에 자연히 곡예사에게도 전달되는 것이다. 곡예사 자신이 그 움직임을 따로 만들어낼 필요는 없다.

　이처럼, 지구에서 16피트를 떨어지는 돌은 곧장 아래로 떨어지는 것처럼 보이지만, 실제로는 우주 공간에서 바닥이 19마일이고 높이가 16피트에 불과한 매우 완만한 궤적을 따라 움직이고 있다. 이 19마일은 지구가 태양 주위를 도는 공전 궤도에서 1초마다 이동하는 거리다.

지구가 이처럼 엄청난 속도로 움직이고 있다면, 물체들이 뒤처질 것이라고 생각했던 것도 무리는 아니다. 이 점에 대해 코페르니쿠스가 할 수 있었던 설명은, 어쩌면 대기가 물체를 앞으로 밀어줘서 지구와 함께 움직이게 해주는 것이 아닐까 하는 추측뿐이었다.

이처럼 코페르니쿠스 이론이 받아들여지는 데에는 성경 해석상의 문제 외에도 여러 가지 물리적인 난관이 있었다.

지구가 움직인다는 생각이 사람들에게 거부감을 일으키고, 그 개념이 받아들여지는 데 오랜 시간이 걸린 것은 당연한 일이었다. 과학의 발전 속도도 지금보다 훨씬 느렸기 때문에, 그로부터 백 년이 지난 후에도 모든 성직자들은 물론, 일부 천문학자들조차 여전히 지구가 정지해 있다고 믿고 있었다. 그들 가운데는 티코 브라헤(Tycho Brahe : 1546~1601 덴마크 천문학자)처럼 매우 뛰어난 인물도 있었다.

흥미로운 점은, 지구의 운동이 성경에 어긋난다는 주장이 당시 성직자들뿐 아니라 과학자들에게도 설득력을 가졌다는 것이다. 티코 브라헤는 신앙심이 깊었고 미신적인 성향도 강했기 때문에, 이 주장의 영향을 크게 받아 코페르니쿠스 체계의 주요한 실용적 이점은 유지하면서도 지구를 우주의 중심에 그대로 두는 체계를 고안하려 했다. 그는 이를 위해, 프톨레마이오스 체계처럼 별과 천구 전체가 하루에 한 바퀴씩 지구를 중심으로 회전하게 하고, 여기에 더해 모든 행성들이 태양을 중심으로 공전하고, 그 태양은 다시 지구 주위를 도는 구조를 만들었다. 이것이 바로 티코 체계이다.

상대적 운동만 놓고 보면, 두 체계는 결국 같은 것이다. 예를 들어 책을 떨어뜨릴 때, 지구가 책을 향해 올라간다고 말할 수도 있고, 책이 지구를 향해 떨어진다고 말할 수도 있다. 또는 파리가 머리 주변을 윙윙 돌 때, 우리가 파리 주위를 돌고 있다고

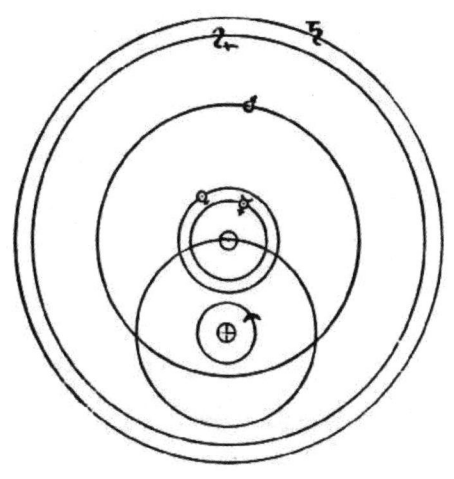

그림 7 태양과 모든 행성들이 지구 주위를 도는 티코 체계

말할 수도 있다. 하지만 태양과 행성들, 별들로 이루어진 이 거대한 체계 전체가 하찮은 지구 주위를 회전한다는 생각은, 코페르니쿠스 이론을 한 번이라도 접한 다른 천문학자들에게는 도저히 받아들일 수 없는 터무니없는 것이었다. 그래서 티코 브라헤가 죽자마자 티코 체계도 빠르고 쉽게 사라졌다.

그렇다면 이 인물의 위대함은 어디에 있었을까? 그것은 유치한 이론들에 있지 않고, 뛰어난 관측에 있었다. 그는 최초의 관측 천문학자였으며, 오늘날 그리니치 천문대로 이어지는 실용 천문학의 찬란한 전통을 세운 창시자였다.

티코 브라헤에 이르기까지 천문 관측은 매우 조잡한 수준에 머물러 있었다. 코페르니쿠스조차도 이전보다 나은 측정 도구를 직접 만들어 사용하면서 관측을 개선했다. 프톨레마이오스의 관측은 반도(半度) 정도도 신뢰할 수 없었다. 티코는 그때까지 상상할 수 없었던 수준의 정밀도를 도입했다. 물론 현대 기준으로 보면 그의 측정은 거의 우스꽝스러울 정도로 거친 것이지만(당시에는 망원경이나 현미경 같은 것도 존재하지 않았다는 사실을 기억해야 한다), 그가 활동한 시대를 감안하면 그의 관측은 놀라운 정확성을 보여주며, 부주의로 인한 오류가 단 하나도 발견되지 않았다. 실제로 그의 측정은 거의 1분각, 즉 1도(度)의 60분의 1에 이를 정도로 신뢰할 수 있다.

특정한 목적으로, 특히 별들의 고유 운동을 연구하는 데 있어서 그의 관측 기록은 여전히 참고되고 있으며, 이후 세대의 이론가들이 연구를 이어갈 수 있도록 확실하고 신뢰할 수 있는 자료를 제공했다. 티코가 세상을 떠난 뒤에도 그의 관측에 필적할 만한 정밀한 관측이 다시 이루어지기까지는 오랜 시간이 걸렸다. 그러므로 그는 모든 면에서 선구자였다. 이제 그의 생애를 따라가 보자.

그는 귀족 가문의 장남으로 태어났다. 어느 전기 작가의 표현을 빌리면, '논란의 여지없이 열여섯 대에 걸친 혈통이 만들어 낸 만큼이나 고귀하고 무지한' 집안이었다. 그가 태어난 시대는 오늘날보다 훨씬 더 전투와 사냥이 귀족의 유일한 본분으로 여겨지던 때였고, 모든 학문은 수도사들에게나 어울리는 것으로 간주되었으며, 과학은 천박하고 쓸모없고 반쯤은 사악한 것으로 의심받던 시대였다.

그러한 세상에서 그의 천재성이 향하는 방향으로 이끌어 줄 만한 환경은 거의 없었다. 물론 그는 군인이 될 운명이었다. 그러나 다행히도 그의 삼촌인 조지 브라헤는 아버지보다 교양이 있었고, 아들이 없었던 그는 티코를 양자로 삼고자 했다. 한동안 허락되지 않았지만, 둘째 아들 스테노가 태어난 후에는 뜻을 이루었다. 참고로 스테노는 훗날 덴마크 국왕의 비밀 고문관이 되었다.

티코의 삼촌은 그가 집에서는 결코 받을 수 없었을 양질의 교육을 시켜주었고, 결국 그에게 법학을 공부하도록 했다. 그는 열세 살에 코펜하겐 대학교에 입학했으며, 그곳에서 그의 인생을 결정짓는 사건을 맞게 되었다.

그 시절에는 태양의 일식을 오늘날처럼 냉정하고 객관적인 태도로 바라보거나, 특별히 얻을 것이 없으면 무심하게 넘어가는 식으로 대하지 않았다. 당시에는 하늘에서 일어나는 모든 현상이 국가의 운명이나 개인의 운명과 관련되어 있다고 믿었기 때문에, 이런 사건은 극도의 관심을 끌었다.

히파르코스 시대 이래로, 유능한 인물이라면 누구나 일식의 발생을 상당히 정확하게 예측할 수 있게 되었다. 그것은 그리 어려운 일이 아니었다. 물론 지금처럼 분과 초 단위로 예측할 수 있었던 것은 아니지만, 어느 날에 일식이 일어날지는 예기치 못한 변수만 없다면 상당히 앞서서 꽤 정확하게 맞출 수 있었고, 실제로 일식이 가까워지면 대략 몇 시경에 발생할지도 예측할 수 있었다.

1560년 8월 21일, 소년 티코도 많은 사람들과 함께 이 일식을 지켜보았다. 예정된 시간에 일식이 일어나자, 그의 성품 속에 강하게 잠들어 있던 경이로움을 향한 본능이 깨어나 격렬히 움직였고, 이런 놀라운 예측을 가능하게 하는 학문을 스스로 이해하겠다고 결심했다. 법학 공부를 계속하기 위해 가정교사와 함께 라이프치히로 보내졌지만, 법학 공부는 가능한 한 적게 한 것으로 보인다. 가진 돈을 모두 책과 관측기구를 사는 데 썼고, 밤늦게까지 별을 관찰하고 공부하는 데 시간을 보냈다.

1563년, 목성과 토성의 합(合, 나란히 보이는 현상)을 관측했는데, 이는 그가 생각하기에 대역병의 전조이자 원인이었다. 기존의 행성표가 이 현상을 예측하는 데 한 달이나 오차가 있다는 것을 발견했고, 코페르니쿠스의 표조차도 며칠씩 빗나가 있다는 사실에 실망했다. 그래서 일생을 천문표를 개선하는 데 바치기로 결심했고, 실제로 그 결심을 철저히 실천에 옮겼다.

그가 처음 만든 관측기구는 별에 대한 행성의 위치를 정하고, 정지와 역행을 관찰하기 위한 조준기가 달린 접이식 자였다. 이처럼 행성과 두 개의 고정된 별 사이의 각도를 측정하면, 그 위치를 천구도나 천구의 위에 표시할 수 있었다.

1565년, 삼촌이 세상을 떠나며 티코를 상속인으로 지명했다. 티코는 덴마크로 돌아왔지만, 쓸모없는 일에 시간을 낭비한다는 이유로 조롱과 멸시를 받았다. 그래서 다시 독일로 떠났고, 먼저 비텐베르크에 갔다가, 흑사병을 피해 로스토크로 옮겼다.

그곳에서 그의 불같은 성격은 다소 위험하고도 터무니없는 사건으로 이어졌다. 어느 연회 자리에서 같은 덴마크 출신인 만데루피우스와 수학 문제를 두고 언쟁이 붙었고, 결국 결투가 벌어지게 되었다. 결투는 12월 말 오후 7시에 치러졌는데, 당시 빛이 있었다 해도 어른거리며 제대로 보이지 않았을 것이 분명하다. 이 무모한 결투의 결과로 티코는 코가 완전히 잘려 나갔다. 하지만 그는 인공 코를 만들어냈다. 어떤 이들은 금과 은으로 만들었다 하고, 또 어떤 이들은 진흙과 황동으로 만들었다고도 한다.

무엇으로 만들었든지 간에, 그는 평생 그 인공 코를 착용했고, 그것은 그의 가장 유명한 특징이 되었다. 사람들은 그의 천문학 연구보다 오히려 그 코에 더 많은 관심을 보였다. 그 인공 코는 원래의 코를 꽤 그럴듯하게 닮았다고 전해지는데, 이 말이 친구의 평가인지 적의 비꼼인지는 알 수 없다. 어떤 기록에 따르면, 그는 늘 접착제를 담은 상자를 들고 다녔고, 주기적으로 코가 떨어질 때마다 다시 붙였다고 한다.

이 무렵 아우크스부르크를 방문했고, 그곳에서 뜻이 맞고 계몽된 인물들을 만나게 되었다. 그는 넘치는 열정과 활기로 대형 사분의를 제작했다. 당시의 초기 관측도구들은 매우 거대했다. 이 사분의를 만들기 위해 많은 인부들이 동원되었고, 설치 장소로 옮기고 세우는 데만 스무 명이 필요했다. 이 도구는 5년 동안 야외에 설치되어 있었지만, 결국 폭풍으로 인해 파괴되었다. 그 기간 동안 그는 이 사분의를 이용해 많은 관측을 수행했다.

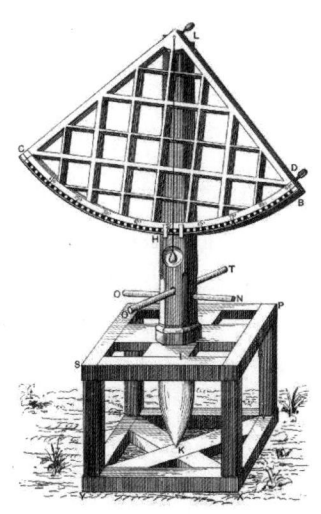

그림 8 티코의 초기 야외 사분의

1571년, 덴마크로 돌아오자 티코의 명성은 이미 널리 퍼져 있었고, 예전보다 훨씬 더 좋은 대우를 받았다. 그는 관측도구 제작 능력을 더욱 키우기 위해 연금술을 공부하기 시작했고, 다른 연금술사들처럼 금을 만들려 시도했다.

많은 고대 철학자들은 귀금속들이 천체와 어떤 관련이 있다고 여겼다. 예를 들어 은은 달과 관련 있다고 여겨졌으며, 오늘날도 질산은을 'lunar caustic'이라 부르는 데에서 그 흔적을 볼 수 있다. 금은 태양, 구리는 화성, 납은 토성과 연결되었다. 이런 이유로 천문학과 연금술은 종종 함께 다루어졌다.

티코는 평생 동안 천문 연구와 함께 약간의 연금술에도 손을

댔으며, 만병통치약이라고 주장하는 놀라운 특효약을 만들어냈다. 이 약은 당시 유럽 전역에서 할로웨이의 알약(19세기 유럽의 만병치약)만큼이나 널리 퍼졌다. 그는 이 약의 제조법을 장황하게 기록해두었는데, 액체 금을 비롯해 온갖 재료가 들어 있다. 그 가운데는 잘 알려진 발한제인 안티모니antimony도 소량 포함되어 있었는데, 실제로 이 약에 어떤 효과가 있었다면 아마 이 성분 덕분이었을 것이다.

   그는 아마 계속 시간을 허비했을지도 모른다. 그러나 1572년 11월, 이전에도 때때로 그랬듯이 하늘에 새로운 별이 나타났다. 평균적으로 약 50년에 한 번씩, 꽤나 밝은 새로운 별이 일시적으로 등장하는데, 오늘날 우리는 이것이 거대한 가스 덩어리가 충돌하거나 폭발하면서 생겨나는 격변의 결과라는 것을 알고 있다. 티코가 목격한 이 별은 목성만큼 밝아졌다가 약 1년 반에 걸쳐 점차 사라졌다.

   티코는 그 모든 변화를 관측했고, 이 별이 지구에서 얼마나 멀리 떨어져 있는지를 측정하려 했다. 그 결과, 이 별은 가까운 하늘의 하찮은 현상이 아니라, 측정이 불가능할 만큼 멀리 떨어진 항성의 영역에 속한 천체임이 밝혀졌다.

   코펜하겐 대학교는 티코에게 천문학 강의를 요청했지만, 그는 귀족으로서 그런 일을 하는 것에 본능적인 거부감을 느꼈다. 그러나 국왕이 직접 요청하자 결국 받아들이고 강의를 진행했다. 이 무렵부터 그는 마침내 귀족적인 편견을 벗어던진 듯 보인다. 오히려 자신이 접하는 권력자들의 심기를 일부러 건드리는 데서 즐거움을 느낀 듯하다.

말하자면, 오늘날로 치면 매우 급진적인 성향의 인물이 되었다. 그럼에도 본래 마음씨가 따뜻한 사람이었고, 병든 농민을 찾아간 이야기, 별자리를 보고 진심으로 그들의 운명을 점쳐준 이야기 그리고 그들을 위해 약을 지어 처방해준 이야기들이 많이 전해진다. 그런 농민들 중 한 사람의 딸과 결혼했고, 그 결혼 생활은 매우 행복했던 것으로 보인다.

이제 티코의 삶에서 가장 결정적인 순간이 찾아온다. 덴마크 국왕 프레데릭 2세는 그들 곁에 얼마나 뛰어난 인물이 있는지를 깨닫고, 티코가 적절한 지원만 받는다면 얼마나 많은 일을 해낼 수 있을지를 알아보았다. 티코는 명문가 출신이고 생활도 넉넉했지만, 오늘날 우리가 말하는 '부유한' 사람은 아니었다는 점을 기억해야 한다. 프레데릭 2세는 그에게 훌륭하고도 진보적인 제안을 했다.

그 제안은 이러했다. 티코가 덴마크에 정착해 천문 관측을 계속한다면, 노르웨이의 영지를 하사하고, 매년 400파운드의 연금을 평생 지급하며, 대형 천문대를 세울 부지를 제공하고, 건축비로 2만 파운드를 지원하겠다는 것이었다.

그림 9 우라니보르그

만약 돈을 적절하고 유용하게 잘 쓴 사례가 있다면, 바로 이 경우였을 것이다. 이 지원 덕분에 덴마크는 유럽에서 과학 분야를 선도하는 나라가 되었는데, 그 전에도 이후에도 그런 일은 없었다. 국왕이 허락한 부지는 코펜하겐과 엘시노어 사이에 있는 벤Hven 섬이었고, 이곳에 당시까지 세워진 것 중 가장 웅장한 천문대가 세워졌다. 이름은 '우라니보르그Uraniborg' 즉 '하늘의 성'이었다.

천문대는 섬 중앙의 언덕 위에 지어졌고, 정원, 인쇄소, 실험실, 주거공간 그리고 네 개의 관측소를 포함하고 있었다. 이 모든 공간은 티코가 고안하고 당시에 만들 수 있었던 최고의 장비들로 가득 채워졌다. 건물은 위대한 인물들의 초상화와 조각으로 장식되었고, 전체적으로 매우 화려한 곳이었다. 2만 파운드는 당시 기준으로 막대한 금액이었지만, 그 후 티코는 자신의 사비를 들여 같은 금액을 또 쏟아부었다고 전해진다.

 20년 동안 이 위대한 과학의 전당에서 티코는 끊임없이 연구를 이어갔다. 그는 곧 유럽에서 가장 뛰어난 과학자로 자리매김했다. 철학자들, 정치가들, 때로는 국왕들까지도 이 위대한 천문학자를 찾아와 그의 연구와 진귀한 수집물들을 둘러보았다.

 그리고 이런 고위인사들이 티코에게서 받은 대접은, 그들에게 꽤 유익한 경험이었을지도 모른다. 티코는 사람을 신분으로

그림 10 아스트롤라베
천체의 위치를 대략적으로 표시하기 위한 조준 장치가 달린 고대의 도구.

그림 11 티코의 대형 육분의

평가하지 않았기 때문이다. 집안이 미천한 그의 아내는 누가 손님으로 오든 식탁의 상석에 앉았고, 티코는 대법관에게도 하인에게 하듯 거리낌 없이 면박을 주고 반박했다. 젊은 시절에 품고 있었던 자존감이 성숙한 이후에는 실질적인 근거가 없는 신분 차이를 개의치 않게 만드는 원동력이 되었다. 그는 겉만 번지르르한 귀족들의 무지를 드러내는 데서 일종의 기쁨을 느끼는 듯했으며, 그런 사람들에게 있어 반박과 망신은 매우 드문 경험이었다.

그는 가난한 농민들이 아프면 온갖 수고를 아끼지 않고 직접 돌봐주었으며, 아무 대가도 받지 않고 치료해주었다. 덕분에 지역의 전문 의사들과 마찰을 빚게 되었고, 결국 그의 몰락의 날이 찾아왔을 때, 그 의사들의 영향력은 자신들의 생업을 망쳤다고 여긴 그를 돕기는커녕, 오히려 '돌팔이'라 비웃으며 무너뜨리는 데 일조했다.

한편, 그의 과학의 전당을 방문한 무지한 귀족들 가운데 일부는 티코의 대접을 모욕으로 느끼기도 했는데, 때로는 그럴 만한 이유도 있었다. 티코는 집에 '렙Lep'이라는 이름의 유순한 정신박약자를 데리고 살았고, 그의 말을 일종의 신탁처럼 여기며 미래의 예언으로 받아들였다. 티코는 이 사람과 나누는 대화가 훨씬 더 중요하다고 생각했기 때문에, 연회 자리에도 늘 그를 동석시켰고, 직접 음식을 떠먹여주기도 했다. 렙이 입을 열면 그 자리에 있는 모두에게 즉시 침묵하라고 명령했고, 렙의 말은 반드시 기록되었다. 마치 디킨스의 소설(디킨스의 자전 소설《데이비드 코퍼필드》) 속 베시 트로트우드와 딕 씨의 이야기를 한층 과장시킨 것 같은 모습이었다.

"붉은 머리에 놋쇠 코를 단 이 기이하고도 격렬하며, 지독히도 영리한 남자가 때로는 재치와 지식으로 번뜩이다가도, 때로는 왕자든 하인이든 상관없이 자리에 있는 모두를 조용히 시켜, 가엾은 정신박약자의 횡설수설을 공손히 경청하게 만들었으니 그 만찬 자리는 참으로 기묘했을 것이다."

티코는 자신이 경멸하는 사람들에게는 중요한 관측 장비를 보여주지 않았다. 대신, 작은 풍차, 기묘한 문, 황금 구체, 각종 장치와 자동기계 같은 장난감 모형들을 보여주었는데, 그 중 상당수는 그가 직접 만든 것이었다. 그는 그런 것들을 내세워 손님들을 즐겁게 했고, 실제로 손님들도 그것만으로 충분히 만족

그림 12 자오선 망원경
티코의 장비와 본질적으로 같은 요소들로 구성되어 있다. 즉, 자오선 통과를 관측하는 관측자, 시계, 관측 내용을 기록하는 사람 그리고 각도를 측정하는 눈금 원이 있다. 이 눈금은 두 번째 관측자가 읽는다.

해했다.

하지만 그의 장비를 진심으로 보고 싶어 하고 이해하려는 마음을 가진 방문자들에게는, 자신의 천재성과 환대의 진면목을 보여주었고, 그들은 감탄하며 돌아갔다.

혹시 그를 지나치게 거만하고 무례한 사람으로 잘못된 인상을 전할지도 모르겠다. 물론 티코는 불같은 성격이었지만, 무례한 인물로 여긴다면 오히려 그를 오해하는 셈일 것이다. 그의 시대 대부분의 귀족들은 교만하고, 농노를 다루는 데 익숙한 사람들이었으며, 쉽게 깔볼 수 있는 온순한 과학자에게 비웃음과 멸시를 퍼붓기 쉬운 이들이었다. 티코는 그런 온순한 과학자가 아니었다. 그는 자신의 과학에 대한 자존심을 지켰고, 오히려 그들에게 되갚아주었으며, 거기에 약간의 '이자'까지 붙였을지도 모른다.

그의 그런 태도가 세속적인 지혜와 어울리지 않았던 건 분명하지만, 세속적인 지혜를 따르라는 계명이 있는 것도 아니다.

그가 돌보던 이른바 '정신박약자'에 대해 우리가 더 많이 알고 있다면, 티코가 그에게 보인 관심에도 어떤 이유가 있었음을 알게 될지도 모른다. 그가 오늘날 말하는 '예지력이 있는 자'였는지는 알 수 없지만, 티코는 분명 그의 말을 일종의 신탁처럼 여겼다. 그리고 하늘에서 내려온 계시일지도 모를 말을 듣고 있다면, 평범한 대화를 중단하는 것이 자연스러운 일이었을 것이다.

티코가 접대했던 귀족 방문객들 가운데는 영국의 제임스 1세도 있었다는 점이 흥미롭다. 그는 1590년 덴마크의 앤과 결혼하면서 우라니보르그에 들러 8일간 머물렀고, 그 방문에서 깊은 인상을 받은 듯하다.

제임스는 여러 선물 중 하나로 티코에게 개 한 마리를 주었는데, 이 개가 훗날 문제를 일으키게 된다. 어느 날, 덴마크의 재상 발켄도르프가 이 불쌍한 동물을 거칠게 걷어찼고, 동물을 매우 아끼던 티코는 거침없는 말로 그를 몰아붙였다. 이 일로 발켄도르프는 티코를 반드시 몰락시키겠다고 결심한다.

하지만 당시 국왕 프레데릭은 여전히 티코의 든든한 후원자였다. 그의 아내 소피아 왕비의 영향도 컸을 것이다. 그녀는 식견 있는 여성이었고 우라니보르그를 자주 방문하며 티코와도 잘 알고 지내던 사이였다. 그러나 안타깝게도 프레데릭 왕이 세상을 떠났고, 어린 아들이 왕위에 올랐다.

이제 티코에게 앙심을 품은 이들, 그의 명성과 영향력을 질투하던 이들 그리고 그의 영지와 지원금을 탐내던 이들에게 기회가 찾아왔다. 설상가상으로 어린 왕도 티코를 방문했는데, 어떤 난해한 주제에 대해 자신 있게 의견을 내다가 티코에게 조용히 면박을 당했고, 그것을 몹시 못마땅하게 여겼다.

이 시기에 티코가 남긴 편지들에는 불길한 예감으로 가득하다. 그는 20년 동안 머물렀던 우라니보르그를 떠나야 할지 모른다는 생각에 큰 두려움을 느낀다. 그는 어디로 가든, 자신 위에는 똑같은 하늘과 똑같은 별들이 있을 것이라며 스스로를 위로하려 애쓴다.

결국 노르웨이 영지와 연금은 차례차례 박탈당했고, 5년만에 가난에 몰려 자신의 찬란한 과학의 전당을 떠날 수밖에 없었다. 이후 그는 코펜하겐의 작은 집으로 옮겨야 했다.

하지만 발켄도르프는 그 정도로는 만족하지 않았다. 그는 티코의 천문학 연구가 과연 가치 있는 것인지를 조사할 왕립위원회를 설치하도록 했다. 이 어리석은 위원회는 그의 연구가 쓸모없을 뿐만 아니라 해롭기까지 하다고 보고했다. 그리고 얼마 지나지 않아, 티코는 거리에서 민중들에게 공격을 받기까지 했다.

그에게 남은 선택지는 이제 조국을 떠나는 것뿐이었다. 그는 독일로 떠났고, 그의 아내와 장비들은 새로운 거처를 마련할 때 옮겨오기로 했다.

이 어두운 시기에 그는 약 2년간 여러 곳을 떠돌았는데, 그 여정은 정확히 알려져 있지 않다. 그러나 마침내 계몽군주인 보헤미아의 황제 루돌프 2세(Rudolf II : 보헤미아 왕을 겸한 신성로마제국 황제)가 그를 프라하로 초청했다. 그는 그리로 향했고, 관측소로 쓸 성 하나와 시내의 거처 그리고 평생 매년 3,000크라운의 연금을 받게 되었다. 그의 장비들은 다시 설치되었고, 그의 가르침을 받기 위해 학생들이 몰려들었다. 그들 중에는 가난한 청년

요하네스 케플러도 있었다. 티코는 그를 매우 친절하게 대해주었고, 케플러는 결국 스승보다 더 위대한 인물이 되었다.

하지만 티코의 정신은 이미 꺾여 있었다. 프라하에서도 어느 정도 의미 있는 연구가 이루어졌고, 추가 관측이 진행되었으며, 루돌프표의 작업도 시작되었지만, 그는 이미 죽음의 그림자 아래에 있었다. 고통스러운 병에 걸렸고, 불면과 일시적인 섬망 상태에 시달렸다. 그런 발작 속에서 그는 자주 이렇게 외쳤다. "내 삶이 헛되지 않았다고 여겨지기를!"

그러나 마침내, 격정적이고 불같던 그의 영혼은 조용히, 가족과 친구들이 지켜보는 가운데 1601년 10월 24일 세상을 떠났다.

그의 몸처럼 소중히 여겼던 관측도구들은 루돌프 황제가 세심히 보존하여 박물관에 보관하게 했지만, 신성로마제국의 팔라티네의 군대가 프라하를 점령하면서 혼란 속에 산산이 부서지고 흩어지거나 다른 용도로 전용되고 말았다. 그중 단 하나만이 살아남았다. 커다란 황동 천구였다. 약 30년 뒤, 덴마크의 어느 국왕이 그것이 티코의 것임을 알아보고, 그것을 코펜하겐 과학 아카데미 도서관에 기증했으며, 내가 알기로 그것은 지금도 그곳에 보존되어 있다.

벤 섬은 덴마크 귀족들의 손에 넘어갔고, 이제 우라니보르그에는 흙더미와 두 개의 구덩이만이 남아 있을 뿐이다. 하지만 티코의 진정한 업적은, 그의 친구이자 제자인 한 인물의 노력 덕분에 불멸의 것이 되었다. 우리는 그 인물의 생애를 다음 장에서 살펴보게 될 것이다.

제3장
케플러와 행성 운동의 법칙

같은 과학 분야에 종사한 두 사람 사이에서, 브라헤와 오늘 다룰 요하네스 케플러(Joannes Kepler 1571~1630 : 독일의 천문학자)만큼 극명한 대조를 찾기는 어려울 것이다.

한 사람은 부유하고 귀족 출신이며, 활기차고 열정적이고, 기계적 창의력과 실험 능력이 뛰어났지만, 이론적, 수학적 능력은 평범한 수준을 넘지 않았다.

다른 한 사람은 가난하고 병약하며, 실험적 재능이 거의 없고 정밀한 관측에도 적합하지 않았지만, 추상적 사유의 정교함과 타고난 수학적 직관력에서는 누구와도 비교할 수 없을 만큼 뛰어났다.

두 사람은 서로를 보완하는 존재였고, 이처럼 시간적으로 가까이 이어졌다는 사실 덕분에 과학은 놀라울 정도로 큰 진전을 이루게 되었다.

케플러의 외적인 삶은 대체로 가난과 불운의 연속이었다. 여기서는 그의 생애를 간략하게 개요만 살펴보고, 그의 업적에 더 많은 시간을 할애하려 한다.

전기 작가에 따르면, 케플러는 1571년 12월 21일, 동경 29도 7분, 북위 48도 54분(독일 남서부 지역)에서 태어났다. 그의 부모는 처음에는 어느 정도 형편이 괜찮았지만, 친구의 보증을 섰다가 아버지가 가진 얼마 안 되는 재산을 모두 잃고 선술집을 열 정도로 몰락했다고 전해진다. 그에 따라 어린 요하네스 케플러는 학교를 그만두고, 아홉 살에서 열두 살 사이에는 술잔을 닦는 점원으로 일하게 되었다.

태어날 때부터 병약했으며, 심각한 병치레를 자주 해서 목숨이 위태로운 경우도 많았다. 결국 수도원 학교에 보내졌고, 그 뒤 튀빙겐 대학교에 진학하여 졸업 성적 2등으로 학위를 받았다. 한편 집안은 완전히 몰락했다. 아버지는 집을 버리고 떠났고, 훗날 외국에서 사망했다. 어머니는 친척들과, 심지어 아들 요하네스와도 불화를 겪었다. 케플러는 가능한 한 빨리 그곳을 떠나고 싶어 했고, 실제로 그렇게 했다.

이때까지 케플러가 천문학과 접한 유일한 경험은, 대학 강의에서 코페르니쿠스 이론을 들은 것과, 그것을 학내 토론회에서 옹호한 정도였다. 마침 그라츠에서 천문학 강사직이 생겼고, 주변의 권유에 따라 그는 이를 수락했다. 다만, 기회가 생기면 더 화려한 직업으로 옮길 수 있어야 한다는 조건을 걸었다.

당시만 해도 천문학은 오늘날의 광물학이나 기상학처럼 부차적인 학문으로 여겨졌으며, 이후 케플러 자신의 연구가 크게 기여하게 될 '특별한 위상'은 아직 갖추지 못한 상태였다.

곧 열렬한 코페르니쿠스주의자가 된 케플러는 매우 불안정하면서도 끊임없이 질문하는 성향을 지닌 사람이었다. 그는 수와 크기에 관한 모든 것에 깊은 흥미를 느꼈으며, 마치 모차르트가 태어날 때부터 음악가였던 것처럼, 본래부터 사유하고 추론하는 사람이었다. 그는 이런 질문들에 사로잡혔다.

행성은 왜 정확히 여섯 개인가? 그들의 공전 거리 사이에는 어떤 규칙이 있는가? 혹은 궤도와 공전 주기 사이에 어떤 연관이 있는가? 이런 질문들이 그를 끊임없이 괴롭혔고, 밤낮으로 그것을 생각했다.

왜 행성이 여섯 개인지 묻는 태도 자체가 시대정신을 잘 보여준다. 오늘날 같으면 우리는 그저 그런 사실을 기록해두고 일곱 번째 행성이 있는지 찾아볼 것이다. 하지만 당시는 숫자 6에 어떤 신비로운 성질이 있을 거라고 짐작하며, 6이 1+2+3이기도 하고 1×2×3이기도 하다는 식의 설명이 시도되었다. 프톨레마이오스 체계의 일곱 행성에 대해서는 그럴듯한 이유들이 제시되었지만, 코페르니쿠스 체계의 여섯 행성에 대해서는 그렇게 설득력 있는 설명이 없었다.

또한, 행성들이 태양으로부터 차례대로 떨어진 거리를 보면, 뭔가 일정한 법칙이 작용하는 듯했지만, 그것이 무엇인지는 알려져 있지 않았다(덧붙이자면, 그것은 오늘날에도 여전히 알려지지 않았다. 발견된 것이라고는 보데의 법칙이라 불리는 조잡한 경험적 공식뿐이다). 또 하나, 행성이 멀어질수록 움직임이 느려지는 경향이 있었고, 속도와 거리 사이에 어떤 법칙이 존재하는 듯 보였다. 케플러는 이 역시 끊임없이 탐구하려 했다.

행성들의 연속적인 거리 사이의 법칙에 대해 케플러가 가졌던 한 가지 생각은, 원 안에 삼각형을 내접시키는 방식에서 출발했다. 원 안에 많은 정삼각형을 내접시키면, 그것들은 또 하나의 원을 감싸게 되며, 이 새로운 원은 처음의 원과 일정한 비율을 이루게 된다. 그는 이것을 두 행성의 궤도 간 거리의 비율에 적용해볼 수 있다고 생각했다(그림 13).

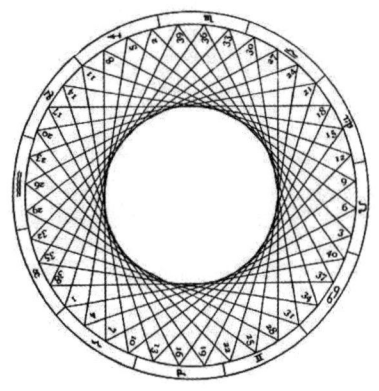

그림 13 여러 면의 다각형 또는 여러 개의 정삼각형으로 둘러싸인 직선들의 조합으로 이루어진 근사적인 원.

이어서 그는 정사각형, 정육각형 그리고 다른 평면 도형들을 내접시키거나 외접시켜 보며, 이렇게 생기는 원들이 여러 행성의 궤도와 일치하는지를 실험했다. 그러나 이 방식은 만족스러운 결과를 주지 못했다.

이러한 좌절을 곱씹던 중, 갑자기 '입체 도형을 시도해보자'는 생각이 떠올랐다. 그는 '평면 도형이 하늘의 궤도와 무슨 상관이란 말인가!'라고 외쳤다. '정다면체를 내접시키자!' 그리고 그 순간, 그는 찬란한 아이디어 즉, 정다면체는 오직 다섯 개뿐이라는 사실을 떠올렸다.

유클리드는 정다면체가 오직 다섯 개만 존재할 수 있다는 것을 증명한 바 있다. 그리고 이 다섯 개는 여섯 개의 행성 사이에 존재하는 간격의 수와 정확히 일치한다. 이제 행성이 여섯 개뿐인 이유가 드러난 것처럼 보였다. 이 놀라운 일치는 케플러에게 자신이 올바른 길을 가고 있다는 확신을 주었고, 그는 큰 열정과 희망을 품고 작업을 이어간다.

그는 '지구의 궤도를 하나의 구로 설정하고, 그것을 모든 것의 기준이자 척도로 삼는다.' 그 구를 둘러싸듯 십이면체를 외접시키고, 그 바깥에 또 하나의 구를 두는데, 이것이 대략 화성의 궤도에 해당한다. 다시 그 구 바깥에는 사면체를 외접시키고, 그 꼭짓점들이 목성의 궤도 구를 결정한다. 그 바깥에는 정육면체를 놓고, 이는 대략 토성의 궤도를 이룬다.

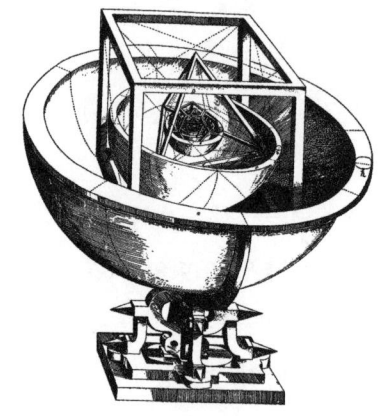

그림 14 내접구와 외접구가 포함된 골조구조로, 케플러가 행성 궤도 사이에 배치되어 있다고 가정했던 다섯 개의 정다면체를 나타낸 것이다.

반대로, 그는 지구 궤도의 구 안에 이십면체를 내접시키고, 그로부터 만들어지는 또 하나의 구 안에 팔면체를 내접시킨다. 그는 이 도형들이 각각 금성과 수성의 궤도를 감싸는 것으로 간주했다.

하지만 이 상상 속의 발견은 전적으로 허구적이고 우연적인 것이었다. 무엇보다 지금은 여덟 개의 행성이 존재하는 것이 알려져 있으며, 둘째로, 실제 행성들의 거리도 케플러의 가설과는 단지 대략적으로만 일치할 뿐이다.

그럼에도 불구하고, 이 아이디어는 케플러에게 엄청난 기쁨을 주었다. 그는 이렇게 말했다.

"이 발견에서 느낀 엄청난 기쁨은 말로는 도저히 표현할 수 없다. 허비한 시간이 더 이상 아깝지 않았고, 어떤 수고도 마다하지 않았으며, 계산에 쏟아부은 밤낮의 노력도 피하지 않았다. 내 가설이 코페르니쿠스의 궤도와 일치하는지, 아니면 나의 기쁨이 허공 속으로 사라져버릴 것인지 확인할 때까지 멈추지 않았다."

이후 그는 행성 운동의 원인에 대해 사색하기 시작했다. 고대의 전통적인 생각은, 천사나 천상의 지성체가 행성을 끌고 돈다는 것이었다. 케플러는 이러한 설명 대신, 태양에서 바람개비의 날처럼 뻗어나오는 어떤 추진력이 존재한다고 보려 했다.

그의 첫 번째 저서는 사람들의 주목을 받게 되었고, 이를 계기로 그는 티코 브라헤와 갈릴레오에게까지 연결되었다.

당시 티코 브라헤는 황제 루돌프의 후원을 받아 프라하에 머물고 있었고, 생존한 누구보다도 정밀하고 방대한 행성 관측자료를 보유한 인물로 잘 알려져 있었다. 케플러는 자신의 이론을 완성하기 위해 그 자료들을 직접 살펴보고 싶어서 티코에게 편지를 보내 허락받고자 했다.

티코는 즉시 답장을 보내 이렇게 말했다.

"낯선 이로 오지 마시오. 진심으로 환영하는 친구로 오시오.

내가 가진 장비들과 관측자료를 함께 나누며, 사랑하는 동료로서 함께하길 바라오."

이 방문 이후 티코는 다시 편지를 보내 수학 보조 역할을 맡아달라고 제안했고, 케플러는 잠시 망설이다가 수락했다.

그가 망설인 이유는 이렇다.

"관측에 있어 내 시력은 둔하고, 기계 작업에는 손이 서툽니다. 시력이 약해 밤공기에 몸을 맡길 수도 없습니다."

이런 점에서 그는 티코와는 정반대의 인물이었지만, 수학적 능력만큼은 티코를 훨씬 능가했다.

프라하로 가는 길에 케플러는 평소처럼 주기적으로 찾아오는 병에 걸렸고, 회복할 즈음에는 가진 돈이 모두 바닥나 있었다. 결국 그는 티코에게 도움을 요청해야 했다.

분명한 것은, 이 시기 동안 케플러는 한동안 완전히 티코의 후의에 의존해 생활했다는 점이다. 그는 당대 과학계의 중심인물이자 고귀하고 위대한 인물이었던 티코에게 받은 모든 친절에 대해 깊은 감사의 뜻을 여러 차례 밝히고 있다.

티코의 너그러움과 관대함을 보여주는 일화로, 케플러가 그에게 쓴 편지 하나를 소개해야겠다. 어느 날, 케플러는 프라하를 떠나 있는 동안 극심한 가난과 고통에 시달리다 거의 정신이 혼미해진 상태에서, 티코가 자신과 가족을 재정적으로 부당하게 대하고 있다고 오해했고, 이에 분노해 그에게 온갖 원망과 모욕이 가득 담긴 격한 편지를 써 보냈다.

　이에 대해 티코의 비서는 조용하고 침착하게 답장을 보내, 케플러의 비난이 얼마나 터무니없고 배은망덕한 것인지를 지적했다. 케플러는 곧바로 깊이 뉘우치며 이렇게 편지를 보낸다.

"가장 고귀하신 티코 님께,
　제가 받은 은혜들을 어찌 다 헤아리고 제대로 평가할 수 있겠습니까? 두 달 동안 당신은 저와 제 가족 전체를 아낌없이, 아무 대가 없이 돌보아 주셨습니다. 제 모든 바람을 채워주셨고, 가능한 모든 친절을 베풀어주셨으며, 당신이 가장 소중히 여기는 것들까지도 제게 기꺼이 나누어 주셨습니다. 아무도, 말로나 행동으로나, 일부러 저를 해친 적은 없었습니다. 요컨대 당신의 자녀나 부인, 심지어 당신 자신에게조차 그 이상 관대하신 적은 없었을 것입니다. 이런 사실들을 제가 분명히 남기고 싶기에 말씀드립니다. 그런데도 제가 하느님의 뜻에서 멀어져 스스로의 분노에 빠져 이런 은혜들을 모두 외면한 채, 겸손하고 공손한 감사의 마음을 품는 대신, 3주 동안 당신의 가족 모두에게 냉소적으로 대하고, 당신께는 맹렬한 격정과 극도의 무례함을 드러냈다는 사실을 생각하면, 저는 스스로를 도무지 용서할 수 없습니다. 당신은 고귀한 혈통, 탁월한 학문, 뛰어난 명성으로 제게 마땅히 존경받아야 할 분이신데 말입니다.

저는 당신의 인격, 명예, 학문에 대해 말로든 글로든 어떤 비방을 했든, 그 어떤 잘못된 표현이나 비난을 했든(그 어떤 너그러운 해석도 불가능하다면), 비록 슬프게도 제가 했던 말과 글이 많고, 기억조차 나지 않는 것도 있지만, 저는 그 모든 것을 철회하며, 거리낌 없이 진심으로 그 모든 비난이 근거 없고, 거짓이며, 입증될 수 없는 것임을 고백합니다."

티코는 이렇게 진심 어린 사과를 너그럽게 받아들였고, 두 사람 사이의 일시적인 틈은 완전히 치유되었다.

1601년, 케플러는 티코의 계산을 돕는 역할로 '제국 수학자'에 임명되었다.

황제 루돌프는 이 두 위대한 인물을 후원함으로써 훌륭한 일을 해낸 셈이지만, 그가 이들을 후원한 진정한 이유는 천문학자가 아니라 점성술사로서였던 것이 분명하다. 그가 행성의 움직임에 관심을 가진 것도 오직 그것이 자신과 제국의 운명에 어떤 영향을 미칠지에 대한 점에서뿐이었다.

그는 정치적으로 무능하고 미신을 맹신하는 군주였으며, 그의 통치하에서 보헤미아는 갈수록 혼란에 빠져들고, 그는 온갖 정치적 얽힘에 발이 묶이고 있었다. 그러나 보헤미아가 고통받는 동안, 세계는 그의 후원을 통해 이익을 보았다. 당시 티코가 작업 중이던 천문표는 바로 그를 기려 루돌프표Rudolphine Tables라 불리게 된다.

행성 운동에 대한 이 천문표는 티코가 자신의 생애에서 가장 중요한 과업으로 여긴 것이었다. 그러나 이 작업을 끝마치지 못한 채 세상을 떠났고, 임종 시에 그 완성을 케플러에게 맡겼으며, 케플러는 충실히 그 책임을 받아들였다.

하지만 이 무렵, 전쟁과 여러 가지 문제로 제국의 재정은 극도로 압박을 받고 있었고, 계산 작업을 위한 인력조차 둘 수 없어 천문표 작업은 매우 더디게 진행될 수밖에 없었다. 심지어 케플러는 자신의 급여조차 제대로 받지 못했다. 그는 명령서와 약속, 영지에 대한 지급 보증서를 받기는 했지만, 막상 그것들을 실행에 옮기려 할 때면 아무 쓸모가 없었다. 그에게는 그것을 강제로 집행할 권한도 없었다.

그래서 케플러는 숙고 외에는 모든 활동을 포기할 수밖에 없었고, 비용이 덜 드는 연구로서 광학을 공부하기 시작했다. 그는 인간 눈의 작용에 대해 매우 정확한 설명을 제시했으며, 빛이 밀도가 높은 매질을 통과할 때의 굴절 법칙에 대해 여러 가설을 세웠다. 그 중에는 예리하고 핵심을 잘 짚은 것들도 있었다. 실제로 몇몇 흥미로운 부차적 성과들은 있었지만, 이 오랜 연구에서 결정적인 대발견은 이루어지지 않았다.

굴절의 정확한 법칙은 그로부터 수년 뒤, 네덜란드의 교수인 빌레브로드 스넬(Willebrord Snell : 1580~1626 네덜란드의 수학자. 빛의 굴절법칙으로 유명하다. 스넬의 법칙이라고 한다)에 의해 밝혀졌다.

이제 우리는 케플러 생애의 핵심 작업에 약간의 시간을 할애해야 한다. 프라하에 머무는 내내, 그는 화성의 운동을 집중적으로 연구했다. 티코의 방대한 관측기록을 하나하나 면밀히 분석하며, 가능하다면 화성의 진짜 운동 이론을 밝혀내기 위해 애썼다.

아리스토텔레스는 완전하고 자연스러운 운동은 원운동뿐이라고 가르쳤으며, 따라서 하늘의 천체들도 반드시 원을 따라 움직인다고 생각했다. 이 사상은 사람들의 마음속에 너무도 깊이 뿌리내려서, 틀릴 수도 있거나 혹은 의미 없을 수도 있다는 가능성을 진지하게 고려해본 사람은 거의 없었다.

히파르코스 등 일부 천문학자들이 행성들이 실제로는 단순한 원 궤도를 돌지 않는다는 사실을 발견했을 때, 오늘날 같으면 곧바로 다른 곡선을 시도해보았겠지만, 당시 사람들은 그렇게 하지 않았다. 대신, 제1장에서 보았듯이, 여러 개의 원을 조합하여 설명하려 했다.

작은 원이 더 큰 원에 의해 운반되는 구조에서, 그 작은 원은 '에피사이클epicycle'이라 불렀고, 그 작은 원을 나르는 큰 원은 '이심원Deferent'이라 불렀다. 그리고 어떤 이유로든 지구가 중심에서 벗어난 위치에 놓여야 한다면, 그 경우 행성의 주된 궤도는

'엑센트릭(Excentric, 離心)'이라 불렸다. 이런 식으로 점점 복잡한 원의 조합이 등장하게 된 것이다.

행성의 궤도는 여러 개의 원을 조합하여 대략적으로는 표현할 수 있었지만, 그 속도까지 정확히 설명하기는 어려웠다. 각 원에서 지구를 중심으로 일정한 속도로 움직인다고 가정하면, 실제 관측과 맞지 않았기 때문이다. 그래서 등장한 개념이 '이퀀트(equant, 對心)'였다. 이는 지구가 아닌 임의의 한 점을 중심으로 행성이 일정한 속도로 움직인다고 가정하는 방식이다.

코페르니쿠스는 태양을 중심에 놓음으로써 이러한 복잡함을 상당 부분 단순화시킬 수 있었고, 이퀀트 개념도 없애버릴 수 있었다.

그러나 이제 케플러는 티코 브라헤의 정밀한 관측 데이터를 손에 쥐고 있었고, 그것을 기준으로 삼으면 기존 이론을 따라서는 행성의 위치를 장기간 정확히 예측하기가 매우 어렵다는 점을 깨달았다.

케플러는 특히 화성의 운동에 집중했다. 화성은 변화 속도가 충분히 빠르기 때문에, 그에 대한 관측자료가 상당히 많이 축적되어 있었기 때문이다. 그는 지구와 화성에 대해 온갖 형태의 원 궤도를 시도해보았고, 이 궤도들이 태양과 어떤 관계를 맺고 있는지를 다양하게 배치해보았다.

그가 해결하고자 했던 문제는 다음과 같았다.

지구와 화성 모두에 대해 어떤 궤도와 속도 법칙을 설정해야, 지구에서 화성을 바라볼 때 두 행성을 잇는 선을 별까지 연장했을 때의 방향이 항상 실제 화성의 위치와 일치하게 될 것인가?

이를 위해 그는 먼저 궤도의 크기를 조정하고, 태양에 대해 궤도의 중심을 약간 벗어난 이심원으로 설정해 보았지만, 태양을 중심으로 한 균일 운동을 기준으로는 어떤 방식도 만족스럽지 않았다.

그래서 그는 이퀀트 개념을 다시 도입했다. 이를 통해 추가적인 변수를 다룰 수 있게 되었는데, 사실상 두 개의 변수를 추가한 셈이었다. 지구와 화성 각각에 대해 이퀀트를 설정했기 때문이었다. 이렇게 하여 그림 15에서 보이는 것과 같은 복잡한 구성도를 만들어냈다.

이퀀트는 중심선 위의 어느 지점에든 놓을 수 있었고, 그 선을 어떤 비율로 나누는지도 임의로 조정할 수 있었다. 따라서 가능한 모든 조합을 시도해봐야 했다. 각 조합마다 지구와 화성의 상대적 위치를 계산하고, 그것을 티코의 실제 관측 기록과 하나하나 비교해야 했다.

단기적으로는 이 계산들이 관측값과 맞아떨어지는 경우도 있었지만, 결국 일정 시간이 지나면 반드시 오차가 나타났다.

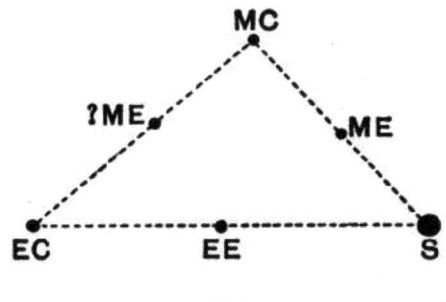

그림 15

그림 15

- ☞ S는 태양을 나타낸다.
- ☞ EC는 지구 궤도의 중심이며, 최적의 위치를 찾기 위해 조정가능한 값이다.
- ☞ MC는 화성 궤도의 중심, 역시 위치를 조정할 수 있다.
- ☞ EE는 지구의 이퀀트, 즉 지구가 균일하게 회전한다고 가정되는 기준점이다. 이것은 속도 법칙을 결정하는 지점으로, 태양과 EC를 잇는 선 위에 존재한다고 가정한다.
- ☞ ME는 화성의 이퀀트로 같은 방식이다.
- ☞ ME는 또 다른 가설로, 화성의 이퀀트가 EC와 MC를 잇는 선 위에 있을 수도 있다는 생각을 나타낸다.

이와 같이 케플러는 다양한 설정을 조합해가며 반복적으로 시도했지만, 결국에는 언제나 오류가 드러났다.

말할 필요도 없이, 여기 간략히 요약된 이 모든 시도와 탐색에는 엄청난 노력이 필요했고, 단순한 끈기뿐 아니라 아주 특별한 정신 구조를 지닌 사람이 아니면 불가능한 작업이었다. 이처럼 어떤 이론적인 빛 하나 없이 어둠 속에서 끝없이 더듬어가는 작업을 놀라울 정도의 근면함으로 계속해나갔다.

결국 거의 맞아떨어지는 지점을 하나 발견한 그는 마침내 진실에 도달했다고 생각했다. 그러나 곧바로 문제는 다시 나타났다. 티코의 기록과 자신의 계산 결과 사이에 8분각(arc minutes), 즉 약 8분의 1도의 차이가 있었던 것이다.

이 정도 오차라면 관측이 틀렸을 가능성도 있다고 생각할 수 있었지만, 케플러는 단호했다. 그는 티코를 잘 알고 있었고, 티코가 관측에서 8분이나 틀릴 리 없다는 것을 확신하고 있었다.

그래서 그는 그 지치고 지난한 여정을 다시 처음부터 시작했다. 그리고 이렇게 말했다. '이 8분의 오차 속에, 나는 결국 우주의 법칙을 찾아낼 것이다.' 그는 행성이 앞뒤로 흔들리듯 운동하는 리브레이션(libration, 秤動)을 하거나, 궤도면이 위아래로 기울어지는 식의 움직임이 있을 수 있는지를 실험해보았다.

그 결과, 궤도면이 위아래로 기울어지지는 않는다는 사실을 밝혀내는 데 성공했다. 궤도면은 고정되어 있었고, 이는 코페르니쿠스 이론에 비해 커다란 단순화였다. 물론 이것이 절대적으로 고정되어 있다는 뜻은 아니며, 변화는 있긴 하지만 매우 미세하다.

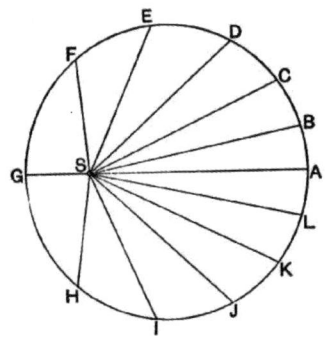

그림 16 이심원 궤도는 면적이 동일하게 나뉘어 있다고 가정되어 있다. 태양 S가 특정한 지점에 위치할 때, 행성이 A에서 B로, B에서 C로 등등 이동하는 속도는 일정하지 않지만, 동일한 시간 동안 동일한 면적을 쓸어간다고 말함으로써 그 속도의 변화를 설명할 수 있다.

케플러는 마침내 원운동은 일정해야 한다는 오랜 가정을 포기하고, 태양으로부터의 거리와 반비례하는 방식으로 속도가 달라지는 원운동을 시도해보기로 결심한다. 계산을 단순화하기 위해 그는 궤도를 여러 개의 삼각형으로 나누고, 그 면적이 일정하도록 하면 어떨까 실험해보았다.

놀라운 행운처럼, 이 방식은 놀랍도록 잘 들어맞았다. 호arc가 아니라 면적area의 변화율이 일정했던 것이다. 이 발견에 케플러는 커다란 기쁨을 느꼈다. 마치 자신이 행성과 전쟁을 벌여 마침내 승리를 거둔 것처럼 느꼈다고 한다.

그러나 그의 기쁨은 너무 이른 축하였다. 곧 작은 오차들이

다시 나타났고, 그것들은 점점 더 무시할 수 없는 크기로 자라기 시작했다. 케플러는 스스로 그 사실을 이렇게 선언한다.

"이처럼 내가 화성을 정복했다는 승리에 도취되어, 이미 굴복한 적에게 새로운 표 계산표와 조화된 이심원 족쇄를 준비하고 있을 때, 여기저기서 속삭임이 들려왔다. 그 승리는 헛된 것이며, 전쟁은 예전만큼이나 격렬하게 다시 불타오르고 있다는 것이었다. 집 안에 남겨두었던 멸시받던 포로가 방정식의 모든 사슬을 끊고, 계산표의 감옥을 부수고 탈출해버린 것이다."

그러나 진리의 일부는 이미 손에 넣은 것이었고, 그것은 더 이상 버려질 수 없었다. 속도의 법칙, 곧 오늘날 '케플러의 제2법칙'으로 알려진 법칙은 이제 확립되었다. 하지만 궤도의 모양은 어떻게 할 것인가? 혹시 정말 아리스토텔레스와 그 이후의 모든 철학자들이 틀렸던 것일까? 원운동이 완전하고 자연스러운 운동이 아니라, 행성들이 다른 형태의 닫힌 곡선을 따라 움직이는 것일 수도 있을까?

그렇다면, 타원형을 시도해보는 건 어떨까? 타원형 곡선에는 다양한 종류가 있었고, 케플러는 그 중 여러 가지를 시도해보았다. 그 결과, 원보다 더 나은 설명을 제공할 수는 있었지만, 여전히 완벽하게 들어맞지는 않았다.

그러나 이제 계산상의 기하학적 — 수학적 어려움이, 이전에도 이미 고되고 버거웠던 수준을 넘어 거의 감당할 수 없을 지경에 이르게 되었다. 케플러는 무려 6년 동안 쉼 없이 매달려온 노력이 한층 더 복잡한 수렁 속으로 빠져들고 있음을 느끼며 점점 낙담해갔다.

그를 가장 낙담하게 만드는 상황 중 하나는 다음과 같았다. 즉, 궤도를 타원으로 설정하면, 면적이 일정하게 그려진다는 그의 법칙이 성립하지 않는다는 점이었다. 그 법칙은 원형 궤도를 전제로 해야만 유지되는 것처럼 보였지만 동시에 어떤 원형 궤도 실제 관측값과 정확히 일치하지는 않았다.

몇 주, 몇 달을 이 새로운 딜레마와 점점 꼬여가는 문제 속에서 고민하고 또 고민하다가, 머리가 어지러울 지경이었을 때, 지금으로선 정확히 이해하기 어렵거나 거의 설명할 수 없는 방식으로 우연히 한 줄기 빛이 그에게 비추었다. 원과 타원 사이의 최대 차이(즉, 그 간격의 절반)가 반지름의 100,000분의 429라는 값을 가지는데, 마침 그는 화성의 '광학적 불균형optical inequality'도 이와 거의 같은, 즉 반지름의 100,000분의 429라는 값을 가진다는 것을 떠올렸다.

이 놀라운 일치는 그의 말에 따르면 마치 그를 잠에서 깨어나게 만든 듯했고, 그는 이유는 분명치 않지만 즉시 행성이 에피사이클을 공전하는 대신, 그 지름을 따라 앞뒤로 진동한다고 가정해보게 되었다. 이는 매우 특이한 발상이었지만, 사실 코페르니쿠스도 수성의 운동을 설명하기 위해 유사한 생각을 한 적이

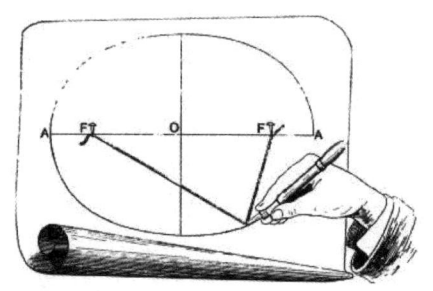

그림 17 타원을 그리는 방법. 두 개의 F는 초점이다.

있었다. 그래서 그는 다시 계산에 몰두했다. 밤낮을 가리지 않은 오랜 작업 끝에, 이전보다 더 정확하게 행성의 운동을 맞출 수 있게 되었다. 그러나 그 운동은 기묘할 정도로 복잡했다. 이걸 더 단순하게 표현할 수는 없을까? 가능했다. 행성이 그리는 곡선은 비교적 단순한 형태였고, 그것은 바로 수학적으로 정의된 '타원'이라는 곡선이었다. 그가 왜 이제야 이 곡선을 떠올렸는지 이상할 정도였다.

이 곡선은 그리스의 기하학자들이 원뿔 곡선 중 하나로 연구했던 유명한 곡선이었지만, 케플러의 시대에는 잘 알려져 있지 않았다. 그러나 행성들이 이 곡선을 따라 움직인다는 사실이 밝혀진 이후, 타원은 지대한 중요성을 얻게 되었고, 오늘날에는 우리에게도 익숙한 곡선이 되었다.

하지만 그것이 속도의 법칙을 만족시킬 수 있을까? 면적이 일정하게 그려지는 속도 법칙이 타원 궤도에서도 성립할 수 있을까? 그는 타원을 적용해 보았고, 이루 말할 수 없는 기쁨 속에서, 만약 태양이 타원의 한 초점에 위치한다면 면적이 일정하게 그려진다는 조건이 정확히 충족된다는 사실을 발견했다.

그래서 태양을 한 초점으로 놓고, 면적이 일정하게 그려지는 속도로 행성이 타원을 따라 움직이게 하면, 그 위치는 실험 오차의 범위 안에서 티코의 관측값과 일치했다. 마침내 화성의 운동이 정복되었고, 지금까지도 그 궤도 속에 갇혀 있다. 마침내 궤도를 찾아낸 것이다.

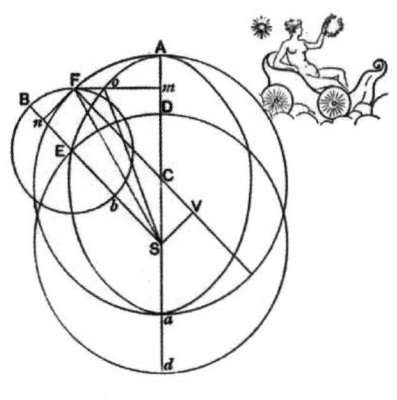

그림 18

케플러는 환희에 가득 차 자신의 승리를 자축하며 실제 기하학적 도표 위에 위와 같은 승리의 그림 18을 스케치로 남겼다. 이 도표는 타원에서도 동일한 면적 법칙이 성립함을 증명한 바

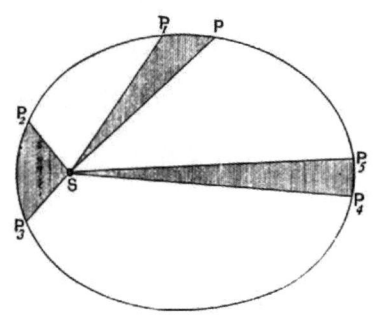

그림 19 S가 태양이라 할 때, 어떤 행성 또는 혜성이 P에서 P1까지, P2에서 P3까지, 그리고 P4에서 P5까지 각각 이동하는 데 걸리는 시간이 같다면, 이때의 빗금 친 면적들도 서로 같다.

로 그 도형이며, 위 그림은 케플러가 남긴 스케치를 옮겨 그린 것이다.

이것이 케플러가 자신의 이름을 불멸케 한 위대한 일반화, 즉 두 가지 법칙에 도달하기까지 밟아온 과정을 거칠고 간략하게 나마 그려본 것이다. 에피사이클, 평등점, 이심원, 이심 중심 등 온갖 복잡한 요소들은 한순간에 정리되었고, 그 자리를 놀랍고도 아름다운 성질을 지닌 궤도가 대신하게 되었다. 그가 '하늘의 입법자' 혹은 '천상의 법 해석자'로 불린 것도 전혀 어색하지 않은 일이다.

케플러는 화성의 운동에 관한 책을 마무리하며, 황제에게 다음과 같이 반쯤은 우스운 호소를 한다. 즉, 화성의 가족들 — 아버지인 목성, 형제인 수성 등을 공격하기 위한 전쟁 비용을 자신에게 지원해달라는 것이었다. 그러나 1612년 그의 불운한 후원자였던 황제 루돌프가 사망하면서 이 모든 계획은 끝이 났고, 케플러의 상황은 극도의 비참함으로 치닫게 되었다.

프라하에서 그는 항상 급여가 체불된 상태였고, 가족들의 생계를 책임지는 것조차 매우 어려웠다. 그곳에서 11년 동안 지냈지만, 빈곤으로 가득 찬 힘겨운 나날이었다. 티코의 도구와 관측기록을 뒤에 남겨야 한다는 사실만 아니었다면, 그는 아무 미련 없이 프라하를 떠났을 것이다. 그가 최선의 선택이 무엇인지 망설이며 거의 절망의 끝자락에 서 있었을 때, 오랫동안 우울증과 무기력증에 시달려 온 아내와 세 자녀가 병에 걸렸다. 아들 한 명이 천연두로 세상을 떠났고, 아내 또한 열하루 뒤에 열병과 간질로 사망했다. 프라하에서는 더 이상 돈을 구할 수 없었기에, 얼마 뒤 그는 린츠에서 교수직을 수락하고, 아직 어린 나머지 두 아이를 데리고 프라하를 떠났다.

이 무렵 그는 자신을 부양하기 위해 일종의 점성술력인 예언달력을 출간해 생계를 일부 유지했다. 그 자신은 이런 일을 경멸했지만, 그 수입 없이 살아갈 형편은 되지 않았다. 그는 점성술을 끊임없이 공격하고 조롱했지만, 사람들이 돈을 내는 유일한 분야가 그것이었고, 결국 그 수입에 의지해 살아갔다. 그의 생활이 넉넉했던 적은 없었고, 보헤미아에서 받아야 할 8,000크라운의 급여도 끝내 지급받지 못했다.

 이 무렵 그의 연구는 매우 기이한 사건으로 방해를 받게 된다. 이미 언급했듯 불같은 성격을 지녔던 케플러의 노모는, 고향 뷔르템베르크 근처에서 몇 년간 소송에 휘말려 있었다. 그런데 재판관이 교체되는 시점이 되자, 상대방은 기회를 놓치지 않고 오히려 노부인을 마법 혐의로 고발하여 상황을 역전시켰다. 그녀는 곧바로 감옥에 갇혔고, '자발적으로' 자백을 받아내기 위한 당시의 어리석은 관행에 따라 고문 판결까지 받게 되었다. 케플러는 황급히 린츠에서 달려와 중재에 나설 수밖에 없었다. 그는 가까스로 어머니를 고문에서 구해내는 데는 성공했지만, 그녀는 이후에도 1년 가량 감옥에 갇혀 있었다. 그러나 그녀의 기질은 전혀 꺾이지 않았다. 풀려나자마자 즉시 자신을 고발했던 자를 상대로 다시 새로운 소송을 제기한 것이다. 다행히도 더 이상의 골치 아픈 일들은 그녀가 거의 여든 살에 가까운 나이로 세상을 떠남으로써 자연스레 끝이 났다.

 이런 이야기를 듣고 보면, 그녀의 아들이 수학적 문제들과 끈질기게 씨름하면서 보여주었던 지칠 줄 모르는 에너지가 그리 놀랍지 않게 느껴진다. 그는 가정적인 문제와 자신이 받아야 할 급여를 얻으려는 끊임없는 괴로움과 실패 속에서도 여전히 오랜 문제를 놓지 않았다. 그것은 바로 태양으로부터 행성들의 거리와 그 행성들의 공전 주기, 다시 말해 각 행성의 1년 길이 사이에 존재할지도 모르는 연결 관계를 찾는 것이었다.

그런 연결 관계가 사실은 존재하지 않을 수도 있었다. 이전에 그가 생각했던 행성 간 거리의 법칙이나 그 밖에 그가 에너지를 쏟아부으며 추구했던 수많은 공상적 가설들처럼, 그것도 그저 순전히 상상에 불과한 것일 수 있었다. 하지만 이번만큼은 다행히도 그 관계가 실제로 존재했고, 케플러는 그 발견의 기쁨을 직접 맛볼 수 있었다.

그가 발견한 연결 관계는 다음과 같다. 각각의 행성들이 태양에서 떨어져 있는 거리와 그 행성들이 태양 주위를 한 바퀴 도는 데 걸리는 시간을 비교하면, '거리의 세제곱은 공전 주기의 제곱에 비례한다'는 것이다.

다시 말하면, 모든 행성에 대해 $r^3 : T^2$의 비율은 항상 같다. 이것을 달리 표현하면, 행성의 공전 주기는 태양으로부터의 거리의 3/2제곱에 비례하는 것이다. 또 다른 방식으로 말하면, 각 행성의 공전 속도는 태양으로부터의 거리의 제곱근에 반비례한다. 즉, 각 행성에 대해 '(거리)×(속도의 제곱)'은 일정하다.

(어떤 방식으로 표현하든) 이 법칙은 '케플러의 제3법칙'이라고 불린다. 이 법칙은 모든 행성들을 하나로 묶어, 그것들이 단일한 체계를 이루고 있음을 보여준다. 이 법칙을 발견했을 때 케플러

가 느낀 황홀함은 한이 없었으며, 그는 기쁨에 넘쳐 다음과 같이 환희에 찬 말을 쏟아낸다.

"내가 하늘의 궤도들 속에서 다섯 가지 정다면체를 발견하자마자, 스물두 해 전 예언했던 것 ― 프톨레마이오스의 《하르모니카(Harmonika)》를 보기 훨씬 이전부터 굳게 믿어왔던 것, 이 책의 제목에 이미 담아 두었고, 그 발견을 확신하기도 전에 친구들에게 약속했던 것, 열여섯 해 전부터 반드시 찾아야 할 진리라 주장했던 것, 그 진리를 위해 티코 브라헤와 협력했고, 프라하에 정착했고, 내 생애의 가장 소중한 시간을 천문적 사색에 바쳤던 ― 을 마침내 밝혀냈고, 가장 낙관적인 나의 기대를 뛰어넘는 확신으로 그 진실을 확인하였다.

내가 처음 그 빛의 기미를 본 것은 이제 겨우 열여덟 달 전이고, 동틀 무렵을 맞이한 지는 석 달도 채 되지 않았으며, 그 찬란한 태양이 베일을 벗고 눈부시게 떠오른 것은 불과 며칠 전의 일이었다. 나를 붙잡을 것은 아무것도 없다.

나는 나의 거룩한 광기에 기꺼이 몸을 맡길 것이며, 이집트 사람들의 황금 항아리를 훔쳐 와 내 신을 위한 성막을, 이집트의 경계를 한참 벗어난 먼 곳에 세운 것이라 정직하게 고백함으로써 인류에게 나의 승리를 선언할 것이다. 너희가 나를 용서한다면 기쁘고, 분노한다 해도 나는 견딜 수 있다. 주사위는 던져

졌고, 책은 쓰였다. 지금 읽히든, 후대에 읽히든 개의치 않는다. 신께서 관찰자를 6천년 동안 기다리셨듯이, 독자를 백 년 동안 기다릴 수도 있다."

이 위대한 작업을 마친 후 곧 그의 세 번째 책이 출판되었다. 그 책은 코페르니쿠스 이론을 개괄한 것으로, 그 이론을 명료하고도 대중적인 방식으로 설명한 책이었다. 하지만 이 책은 나오자마자 즉시 교회에 의해 금서목록에 올랐다. 그것도 바로 코페르니쿠스의 원전인 《천구의 회전에 관하여》와 나란히 놓이는 영광(?)을 얻게 된 것이다.

그러나 이런 명예는 케플러에게 아무런 기쁨도 주지 못했다. 오히려 그는 깊은 절망감에 빠졌는데, 이 사건은 그가 얻을 수 있었던 모든 금전적 이익을 사라지게 했으며, 이후 다른 책을 출판하려고 해도 출판사를 구하는 것이 거의 불가능해졌기 때문이다.

그럼에도 그는 계속 티코의 루돌프표를 작업했고, 결국 빈에서 받은 약간의 도움을 더해 작업을 완성하기는 했다. 그러나 출판할 수 있는 비용이 없었다. 그는 빈의 궁정에 지원을 요청하고 또 요청했지만 결국 지칠 대로 지쳤고, 표는 그렇게 4년 동안 방치된 채 남아 있었다. 마침내 그는 출판비를 스스로 마련하기로 결심했다. 그가 도대체 어떤 돈으로 비용을 충당했는지

신만이 알겠지만, 어쨌든 그는 출판비를 마련했고, 결국 루돌프표를 세상에 내놓았다. 그렇게 하여 그는 친구 티코와의 약속을 끝까지 지켜냈다.

이 위대한 출판물은 천문학에서 하나의 시대를 여는 사건이었다. 루돌프표는 항해사들이 실제로 사용할 수 있었던 최초의 정확한 천문표였으며, 현대의 항해 연감 Nautical Almanack의 시초가 되었다.

이 일이 있은 뒤, 토스카나의 대공이 케플러에게 황금 목걸이를 선물로 보냈는데, 이 선물은 당시 이탈리아 궁정에서 큰 인기를 얻고 있던 갈릴레오가 보낸 것으로 여겨져 더욱 흥미롭다.

케플러는 마지막으로 다시 한 번 밀린 급여를 받아내 자신과 가족을 극심한 가난에서 구하려는 필사적인 시도를 했다. 그는 일부러 프라하로 여행을 떠나 황실 회의에 참석했고, 자신의 사정을 호소했지만 모든 노력은 허사였다.

그 여행으로 기력이 완전히 소진되고, 지나친 공부로 몸은 쇠약해졌으며, 실패로 인해 마음까지 꺾인 그는 결국 열병에 걸려 59세의 나이로 세상을 떠났다. 그의 유해는 레겐스부르크에 묻혔다. 1세기 전쯤에 그를 기리는 대리석 기념비를 세우자는 제안이 있었지만, 결국 아무것도 이루어지지 않았다. 생전에는 빵 한 조각조차 내어주길 꺼렸던 독일이, 사후 150년이 지나서야 돌을 바치는가 마는가 하는 일은, 사실상 그에게 아무런 의미가 없을 것이다.

케플러와 티코의 삶이 나란히 놓여 있다는 사실은, 굳이 지적할 필요도 없을 만큼 명확한 교훈을 준다. 케플러가 끔찍한 생계의 고통에서 벗어나 있었다면 얼마나 더 많은 것을 이루었을지 우리는 알 수 없지만, 한 가지 분명한 것은 티코가 만약 부유한 집에서 태어나지 않고, 너그럽고 개명된 후원자들의 도움을 받지 못한 채 케플러와 같은 불운을 겪었다면, 그는 아마 거의 아무런 성취도 이루지 못했으리라는 것이다.

티코가 그토록 위대한 연구를 할 수 있었던 도구인 뛰어난 관측장비와 관측소는, 그에게 절대로 불가능했을 것이다. 그러므로 덴마크의 프레데릭 왕과 소피아 왕비 그리고 보헤미아의 루돌프 황제 또한 티코와 함께 일한 공동 작업자로 기억되어야 할 것이다.

케플러는 병약하고 체력도 약해, 그러한 유리한 조건들을 누릴 수 없었다. 그럼에도 그는 많은 업적을 남겼고, 제대로 된 지원만 받았더라면 훨씬 더 많은 일을 해냈을 것이라는 생각을 지울 수 없다. 게다가 만약 그에게 마땅한 도움과 존중이 주어졌더라면, 세상은 찬란한 천재의 결실은 받아들이면서도 정작 그 사람에게는 고통스러운 삶을 강요했다는 비난에서도 벗어날 수 있었을 것이다. 케플러를 위로해준 것은 오직 그의 사유 속에

깃든 아름다움과, 자연의 조화와 정밀함이 그 안에서 일으킨 황홀함뿐이었다.

케플러의 방법론, 즉 그가 어떻게 이런 발견에 도달했는지를 이해하려면, 그가 성공뿐 아니라 실패의 단계까지 포함하여 자신이 거쳐온 모든 과정을 상세히 기록으로 남겼다는 점을 기억해야 한다.

그는 마치 여행자처럼 자신이 걸어온 길을 지도 위에 기록했다. 실제로 그는 자신을 미지의 세계로 항해를 떠나 자신의 방랑 경로를 기록했던 콜럼버스나 마젤란에 비유하기도 했다. 이런 점을 기억하면, 케플러의 방법론이 비슷한 상황에서 다른 철학자들이 사용했던 방식과 그다지 다르지 않다는 점을 알 수 있다. 그의 상상력이 대부분의 사람들보다 훨씬 풍부하고 자유롭게 펼쳐진 것은 사실이지만, 그럼에도 불구하고 그는 언제나 엄격한 검증을 통해 자신의 가설을 사실과 비교하여 통제했다.

뉴턴의 전기를 쓴 브루스터Brewster는 케플러에 대해 이렇게 말했다.

"열정적이고 활동적이며 발견으로 이름을 떨치고자 불타던 그는 할 수 있는 모든 것을 시도했다. 한 줄기 단서라도 잡히면 추적하고 검증하기 위해 어떤 수고도 마다하지 않았다. 그의 시도 중 일부는 성공했고, 수많은 시도는 실패했다. 오늘날 우리에게 실패한 시도들은 공상적으로 보이지만, 성공한 시도들은 숭고해 보인다. 그러나 그가 사용한 방법은 언제나 같았다. 실제로 존재하는 것을 찾고자 했을 때는 때때로 그것을 발견했고, 환상을 좇을 때는 실패할 수밖에 없었다. 그러나 어느 경우든 그는 한결같은 위대한 자질과, 정말로 극복할 수 없는 난관을 제외하고는 모든 어려움을 정복하는 완강한 끈기를 보여주었다."

케플러가 천문학을 위해 해낸 일이 얼마나 위대한 것이었는지를 실감하려면, 지금 막 걸음마 단계에 있는 어떤 과학 분야를 생각해보는 것이 필요하다. 오늘날의 천문학은 매우 명확하고 철저히 탐구된 학문이라, 케플러가 살던 시대의 시선으로 바라보기는 쉽지 않다. 하지만 예를 들어 기상학, 즉 날씨에 대한 과학을 생각해보자. 바람과 비, 햇빛과 서리, 구름과 안개의 순환을 다루는 이 학문은 지금도 아직 발전의 초기 단계에 있으며, 이는 마치 케플러 이전의 천문학과도 같은 상태다.

우리는 이미 뇌우, 사이클론, 지진 같은 대기 교란 현상을 초자연적 원인으로 돌리던 단계를 지나왔다. 다시 말해, 기상학도 어느 정도의 코페르니쿠스적 전환기를 겪은 셈이다. 그것이 특정 개인에 의해 이루어진 것은 아닐지라도, 분명히 진전은 이루어졌다.

이제 사이클론과 반(反)사이클론에 관한 몇몇 법칙들은 널리 알려져 있으며, 대서양을 가로지르는 대략적인 일기 예보도 가능하다.

기압계, 온도계, 풍향계 등 각종 기상 계측 장비들은 벤 섬의 천문기구들을 떠올리게 하며, 오늘날의 수많은 기상관측소들과 그곳에서 끊임없이 축적되는 기록들은 바로 티코 브라헤의 관측 작업에 해당한다고 할 수 있다.

관측 기록이 축적되고, 표가 작성되며, 수많은 데이터가 책으로 엮인다. 일조 시간, 강우량, 공기 중의 습도, 구름의 종류, 온도 등 수많은 사실들이 기록된다. 그러나 이 모든 혼란 속에서 법칙과 질서의 단서를 끌어낼 사람, 그것을 평생의 과제로 삼고 사색에 잠길 사람, 그런 케플러는 어디에 있을까?

어쩌면 그런 인물이 당장은 나타나지 않을지 모른다. 하지만 그의 시대는 반드시 올 것이다. 어느 과학이든 이런 단계는 반드시 거쳐야만 하며, 그 과학이 뉴턴 같은 지배적인 지성을 맞이할 준비가 되기 위해선 반드시 필요한 과정이다.

그러나 그 일을 맡게 될 사람은 누구든, 그 앞에 놓인 과업은 실로 막막하고도 지루한 노동의 연속일 것이다. 계산, 가설, 또 계산, 또 가설 — 그리고 이론과 사실을 어떻게든 조화시키려는 절망적이고 어두운 탐색이 이어질 것이다.

그런 인생을 살며, 그 과정에서 세 가지 찬란한 발견으로 자신의 이름을 남긴 사람 — 그런 삶을 살았던 인물이 바로 독일의 천재 케플러이며, 세상은 너무 늦게야 비로소 그에게 커다란 신세를 지게 된 것을 깨닫게 되었다.

제4장
갈릴레오와 망원경의 발명

케플러와 거의 같은 시기에 살았지만 생애의 앞뒤가 겹치는 인물로, 갈릴레오 갈릴레이(Galileo Galilei 1564~1642)라는 위대하고도 극적인 삶을 살았던 인물이 있다. 지금까지 다룬 어떤 인물보다도 인간 사상의 발전에 더 큰 영향을 끼친 사람이기에, 이 강의의 구상에 따라 그에게 많은 시간을 할애하는 것이 필연적이다. 그는 폭넓은 교양을 지닌 이른바 '보편적 천재'였지만, 그가 가장 높은 자리에 오르게 된 것은 실험 철학자(즉, 실험 과학자)로서였다. 이 점에서 그는 아르키메데스와 나란히 놓여야 하며, 그 둘 사이에 실험 과학의 영역에서 견줄 만한 인물은 없었다고 보아도 무방하다.

아마 지나친 추측일 수 있으나, 나는 갈릴레오 이후 세대를 통틀어, 순수한 실험 과학의 영역에서 그와 대등한 인물을 패러데이Faraday까지는 찾기 어렵다고 생각한다. 패러데이가 갈릴레오보다 뛰어난 것은 틀림없지만, 그 외에 누구를 주저 없이 갈릴레오와 같은 반열에 놓을 수 있을지는 의문이다. 물론 수학적이고 연역적인 과학의 영역에서는 이야기가 다르다. 케플러를 비롯해 이전과 이후의 많은 인물들이 수학적 기량과 능력 면에서 갈릴레오를 훨씬 능가했지만, 그렇다고 그의 수학적 업적이 과소평가되어서는 안 된다.

갈릴레오는 지금으로부터 삼백여 년 전, 미켈란젤로가 로마에서 눈을 감던 바로 그날 피사에서 태어났다. 그는 아버지로부터 귀족 가문이라는 이름뿐 아니라, 세련된 취향, 진리에 대한 사랑 그리고 가난해진 가문이라는 유산을 물려받았다. 빈센조 데 갈릴레이Vincenzo de Galilei는 유서 깊은 보나유티 가문의 후손으로, 스스로도 수학자이자 음악가였으며, 오늘날까지 전해지는 그의 저서에서는 권위와 전통에 얽매이지 않고 과학 문제를 자유롭고 공개적으로 탐구할 것을 주장하고 있다.

아들은 그 교훈을 자연스레 흡수했을 것이다. 분명한 것은, 그가 그 교훈을 행동으로 옮겼다는 사실이다.

빈센조는 자신이 과학적 작업으로는 생계를 꾸리기 어렵다는 것을 몸소 겪었기 때문에, 아들이 그 길로 들어서는 것을 극도로 꺼려했다. 특히 어린 갈릴레오가 기발한 기계 장난감을 만들고 여러 가지 조숙한 재능을 보이자, 더욱 불안해했다. 그래서 아들을 장차 장사, 곧 옷감을 파는 상인이 되기를 원했다. 하지만 그에 앞서 좋은 교육을 받을 수 있도록 훌륭한 수녀원 학교에 보냈다.

　그곳에서 빠르게 실력을 키웠고, 고전과 문학의 모든 분야에서 곧 두각을 나타냈다. 그는 시를 사랑했고, 훗날 단테, 타소, 아리오스토에 대한 여러 편의 수필을 쓰기도 했으며, 제법 괜찮은 시도 직접 몇 편 지었다. 여러 악기를 능숙하게 다룰 줄 알았는데, 특히 류트 연주에 뛰어나 나중에는 거의 거장 수준에 이르렀고, 말년에 이르러서도 그 악기로 스스로 위안을 삼곤 했다. 이 밖에도 미술에도 재능이 있었던 것으로 보이며, 훗날 자신의 발견을 그림으로 설명할 때 유용하게 활용했다. 또한 미술 평론가로서도 뛰어난 감식안을 지녔던 듯한데, 당대의 여러 유명 화가들이 젊은 갈릴레오의 의견을 높이 평가했다는 기록이 남아 있다.

　이처럼 아들이 다양한 재능을 두루 갖추고 있다는 사실을 깨달은 아버지는, 양모 직물 장사가 그 아이의 포부를 오래 만족시켜 주지는 못하리라는 현명한 결론에 이르렀고, 그를 대학에 보내기 위해 어느 정도의 희생은 감수할 만하다고 생각했다. 그렇게 갈릴레오는 고향의 대학인 피사대학에 입학했고, 겉으로는 가장 수익성이 높아 보이는 진로였던 의학을 공부하겠다는 명분을 내세웠다.

　수학이나 과학을 생계수단으로 삼는 것에 대해 빈센조가 품고 있던 강한 거부감은 그 시대의 현실에 비추어 보면 충분히 이해할 만한 것이었다. 당시 의학교수의 연봉이 2,000스쿠디였던 반면, 수학 교수의 연봉은 고작 60스쿠디, 즉 연간 13파운드, 하루에 7$\frac{1}{2}$펜스에 불과했던 것이다. 그래서 갈릴레오는 그런 가난한 분야에 대해 제대로 접해볼 기회조차 없었고, 의학 공부를 위해 대학에 진학하게 된 것이었다.

하지만 갈릴레오의 타고난 성향은 이곳에서도 드러났다. 어느 날, 독실한 가톨릭 신자였던 그가 대성당에서 기도를 드리던 중, 시종이 등불에 불을 밝힌 뒤 그것을 그대로 두고 가버렸고, 등불은 앞뒤로 흔들리기 시작했다. 갈릴레오는 그 진자운동에 시선을 빼앗겼다. 그리고 자기가 가진 유일한 시계인 자신의 맥박을 이용해 그 흔들림의 주기를 재기 시작했다. 그는 흔들림이 점점 잦아들고 있음에도 불구하고, 그 주기는 거의 변하지 않는다는 사실을 알아차렸다.

이후의 실험을 통해 그는 이 법칙을 확인했고, 진자의 등시성이라는 현상이 발견되었다. 이는 실용적으로도 엄청나게 중요한 발견이었으며, 오늘날의 모든 시계는 이 원리에 기반하고 있다. 후에 하위헌스(Huyghens 1629~1695 : 네덜란드의 물리학자. 영문명 : 호이겐스)는 이 원리를 천문 시계에 적용했는데, 그전까지 천문 시계는 매우 조잡하고 신뢰할 수 없는 기구에 불과했다.

티코 브라헤가 자신의 관측소를 위해 구할 수 있었던 최고의 시계조차, 지금 몇 실링만 주면 살 수 있는 시계보다도 정확하

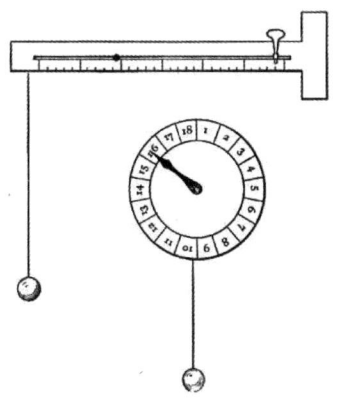

그림 20 두 가지 형태의 펄시로지 장치
추에 달린 끈을 감아 올려 진자 운동이 맥박과 일치하도록 조절한 다음, 끈에 연결된 구슬이나 지시자의 위치를 눈금판이나 다이얼에서 읽는다.

지 못했다. 이 변화는 갈릴레오의 진자 발견 덕분이다. 물론 그가 처음에 진자를 시계에 적용한 것은 아니었다. 그는 천문학을 염두에 둔 것이 아니라, 의학에 관심이 있었고 사람의 맥박을 재고 싶었던 것이다. 진자는 그 목적에 적합했으며, '펄시로지pulsilogies'라 불리는 장치들이 의료 현장에 소개되어 실제로 사용되었다.

토스카나 궁정은 여름철이면 바닷가였던 피사로 옮겨왔다. 그 수행원 중에는 갈릴레오 집안의 오랜 친구이자 저명한 수학자인 오스틸리오 리치Ostillio Ricci가 있었다.

소년 갈릴레오는 그를 찾아갔고, 어느 날은 문밖에 서서 리치가 시종들에게 들려주던 유클리드 강의를 넋을 잃고 들었다고 전해진다. 어쨌든 그는 리치에게 수학을 가르쳐 달라고 간청했고, 리치는 흔쾌히 이를 받아들였다. 그렇게 갈릴레오는 유클리드를 완전히 익히고 곧 아르키메데스로 나아갔으며, 그에게 깊은 존경심을 품게 되었다.

아버지는 곧 이 못마땅한 성향을 알게 되었고, 그를 다시 의학으로 되돌리기 위해 애를 썼다. 그러나 소용이 없었다. 갈레노스(Galenos : 고대 로마시대의 의사, 해부학자, 영어명:갈렌)와 히포크라테스 책 밑에는 유클리드와 아르키메데스 책이 숨겨져 있었고, 그는 틈만 나면 그것들을 들여다보며 공부했다. 늙은 빈센조는 결국 그 천재적인 성향이 너무도 강하다는 것을 깨닫고 마침내 물러섰다.

이제 자유의 몸이 된 철학자는 놀라운 속도로 수학과 물리학의 기초를 흡수해 나갔고, 스물여섯 살의 나이에 3년 임기의 수학 교수직에 임명되었다. 이때 그가 받게 된 급여는 아버지가 두려워했던 그대로, 하루에 $7\frac{1}{2}$펜스에 불과했다.

바로 이 시기에 그는 낙하 운동의 법칙에 대해 깊이 고민하기 시작했다. 그는 실험을 통해, 동일한 높이에서 내려올 때에는 경사의 각도와 상관없이 얻게 되는 속도가 같다는 사실을 확인했고, 또 낙하한 높이는 시간의 제곱에 비례한다는 사실도 입증했다.

　그가 실험을 통해 밝혀낸 또 다른 사실은, 무거운 물체든 가벼운 물체든 모두 같은 속도로 떨어져 동시에 땅에 도달한다는 것이었다.

　이 발견은 그가 배워온 것과는 완전히 상반되는 내용이었다. 당시의 물리학은 고대 책에 쓰인 내용을 그대로 반복하는 수준에 불과했다. 아리스토텔레스가 어떤 주장을 했으면, 그것은 곧 진리로 받아들여졌고, 누구도 실제로 그것이 맞는지 실험해볼 생각조차 하지 않았다. 실험을 하겠다는 발상 자체가 불경스럽고 의심 많은 태도로 여겨졌으며, 존경받는 권위에 의문을 제기하는 것처럼 보였기 때문이다.

　젊은 갈릴레오는 청년 특유의 에너지와 무모함을 지녔고(고귀한 이상을 좇는 데 있어 약간의 무모함과 결과에 대한 무시가 있다는 것은 얼마나 다행인가!), 낙하 운동에 관한 문제에서 자신을 가르치던 교수들이 틀렸다는 것을 깨닫자마자, 곧장 그 사실을 알렸다. 그가 그들이 기뻐하리라 기대했는지는 알 수 없지만, 어쨌든 그들은 전혀 기뻐하지 않았고, 오히려 건방지고 무례하다면서 크게 불쾌해했다.

　지금의 우리로서는 그들의 입장을 완전히 이해하기 어려울지도 모른다. 고대의 이러한 학설들은, 오랜 세월을 지나 내려오면서 학문을 다시 일으키고 지성의 삶에 생기를 불어넣은 것으로 여겨졌기에, 과학이나 철학이라기보다는 일종의 신앙처럼 받아들여졌다. 그들이 아리스토텔레스를 단지 신의 계시를 받은 저자쯤으로 여겼다면, 그의 설명을 주저없이 확신으로 받아들이지는 못했을 것이다.

낙하 법칙과 같은 사실에 관한 논쟁이 벌어졌을 때, 그들의 방식은 실험을 해보는 것이 아니라 아리스토텔레스의 책장을 넘겨보는 것이었다. 이 위대한 저자의 장과 절을 인용할 수 있는 사람은 논쟁을 종결지을 권위를 가진 자로 여겨졌고, 그 주제는 더 이상 논쟁의 대상이 될 수 없게 되었다.

이러한 시대적 상황을 우리가 명확히 이해하는 것은 매우 중요하다. 그렇지 않으면 당시 학자들이 새로운 발견에 대해 보였던 태도가 어리석고 거의 광기에 가까웠던 것처럼 보일 수 있기 때문이다.

그들은 완전하고 대칭적인, 수정처럼 굳어버린 진리 체계를 가지고 있었고, 거기엔 새로운 것이나 추가될 것이 전혀 필요하지 않았다. 어떤 추가나 확장은 불완전함이요, 군살이요, 일종의 왜곡이라 여겨졌다. 진보란 불필요하고 원치 않는 것이었다. 교회에는 엄격한 교리가 있었고, 그것을 온전히 받아들이지 않으면 이단으로 취급받았다.

철학자들 또한 그에 맞서 아리스토텔레스에 기반한 철갑 같은 진리 체계를 가지고 있었고, 그것은 신학적 교리와 긴밀히 얽혀 있었기 때문에, 하나에 의문을 제기하는 것은 곧 다른 하나를 의심하는 것과 다름없는 일이었다.

그런 분위기 속에서는 참된 과학이 존재할 수 없었다. 과학의 생명은 성장, 확장, 자유, 발전에 있기 때문이다. 과학이 모습을 드러내기 위해서는, 먼저 수세기 동안 이어져 온 낡은 속박을 벗어던져야 했다. 오래된 껍질을 찢고 나와야 했으며, 그렇게 해서 비록 고된 투쟁으로 인해 지치고, 연약하며, 아무런 보호도 없는 상태일지라도, 자유롭고 성장하고 확장할 수 있는 존재로 다시 태어나야 했다.

이러한 충돌은 피할 수 없는 것이었고, 또 매우 격렬했다. 과연 그 싸움은 끝났을까? 아마도 완전히 끝난 것은 아닐 것이다. 다만 이제는 거의 사라져 과학을 실질적으로 방해하지 않을 정도가 되었을 뿐이다. 그러나 당시에는 달랐다. 그 싸움은 참혹했다. 그 첫 번째 충격을 온몸으로 견뎌낸 이들에게 경의를 표한다.

아리스토텔레스는 물체가 그 무게에 따라 서로 다른 속도로 떨어진다고 말한 바 있다.

5파운드짜리 물체는 1파운드짜리보다 다섯 배 빠르게 떨어지고, 50파운드짜리는 50배 빠르게 떨어질 것이라고 했던 것이다.

그가 왜 그런 주장을 했는지는 아무도 모른다. 실험을 해본 것 같지는 않다. 그는 그를 따르던 후세의 제자들과는 달리 실험을 전혀 하지 않았던 인물은 아니었지만, 이 문제에 대해서는 사실 자체를 의심해보아야 한다는 생각조차 하지 않았던 것으로 보인다. 무거운 물체가 가벼운 물체보다 더 빨리 떨어질 것이라는 생각은 너무나도 당연하게 여겨졌기 때문이다. 어쩌면 그는 돌과 깃털을 떠올려 보고는 그걸로 충분하다고 여겼을지도 모른다.

갈릴레오는 이에 반해 무게는 전혀 상관이 없으며, 모든 물체는 같은 속도로 떨어진다고 주장했다. 돌과 깃털조차도, 공기 저항만 없다면 동시에 떨어진다는 것이다. 그리고 모든 물체는 같은 시간에 땅에 도달한다고 했다.

그는 이런 주장이 단순히 무시당하고 핀잔을 듣는 것을 받아들이지 않았다. 그는 자신이 옳다는 것을 알고 있었고, 누구나 그 사실을 자신처럼 똑똑히 보게 만들겠다는 결심을 했다. 그래서 어느 날 아침, 피사 대학의 모든 교수와 학생들이 지켜보는 가운데, 유명한 피사의 사탑 꼭대기로 올라갔다. 그의 손에는 100파운드짜리 쇠공 하나와 1파운드짜리 쇠공 하나가 들려 있었다. 그는 두 공을 탑 가장자리에 나란히 세우고 동시에 떨어뜨렸다. 두 공은 함께 떨어졌고, 함께 땅에 부딪쳤다.

그 두 쇳덩이가 동시에 울린 충격음은 오래된 철학 체계의 종말을 알리는 종소리였으며, 새로운 시대의 탄생을 알리는 서곡이었다.

그러나 변화가 갑작스럽게 일어났을까? 그의 반대자들이 설득되었을까? 전혀 아니었다. 그들은 자기 눈으로 보고, 자기 귀로 들었으며, 머리 위로는 진리의 밝은 빛이 쏟아지고 있었지만, 여전히 불만에 찬 채 중얼거리며 곰팡내 나는 책들과 다락방으로 돌아갔다. 거기서 그들은 관측의 타당성을 부정하기 위한 불가사의한 이유들을 고안해내고, 그것을 알 수 없는 외부 교란 요인 탓으로 돌리려 애썼다.

그들은, 이 단 하나의 문제에서 물러서기 시작한다면, 이제껏 자신들을 붙들어 주던 닻줄을 놓아버리는 셈이 되며, 그 이후로는 어디로 떠밀려 갈지도 모르는 조류에 휩쓸리는 신세가 될 것임을 알고 있었다. 그들은 감히 그렇게 할 수 없었다. 아니, 그들은 끝까지 낡은 전통을 붙들어야만 했다. 썩어가는 밧줄을 끊고, 하느님의 진리가 펼쳐진 자유로운 바다를 향해 두려움 없이 나아갈 용기는 그들에게 없었던 것이다.

그럼에도 그들은 충격을 받았다. 마치 짭짤한 바닷바람이 얼굴을 스치고, 파도가 얼굴에 튀어오르듯, 그들은 그간의 안락한 무기력에서 불현듯 깨어났다. 그들은 새로운 시대가 다가오고 있음을 느꼈다.

그렇다, 그것은 분명 충격이었다. 그리고 그들은 그 충격을 안긴 젊은 갈릴레오를 미워했다. 이미 패배하고 사라져가는 신념을 위해 싸우는 자들의 음울한 증오심으로 그를 배척했다.

우리는 이 사람들을 굳이 탓할 필요는 없다. 적어도 지나치게 비난할 필요는 없다. 그들이 그렇게 행동했다는 것은 곧 그들이 인간이었고, 시야가 좁았으며, 결국은 사라져버릴 신념의 옹호자였다는 것을 의미한다. 그러나 그들 자신은 그것을 알 수 없었다. 그들을 이끌어 줄 과거의 경험이 없었고, 그들이 맞닥뜨린 상황은 새로운 것이었으며, 인류가 처음으로 마주하는 조건들이었다.

그렇기에 당시에는 용서받을 수도 있었던 행동이, 이제는 우리가 쌓아온 모든 경험을 바탕으로 본다면 용납될 수 없는 일이 되었던 것이다. 그런데 지금도 여전히, 이들과 똑같은 실수를 되풀이하며 새로운 진리를 거부하는 사람들이 존재하지는 않을까? 낡은 교리라는 닻을 붙들고, 앞으로 나아가는 지식의 물결 위로 올라서기를 거부하는 이들은 없을까?

어쩌면 지금 이 순간에도, 그런 이들이 여전히 존재할지도 모른다.

갈릴레오에 대한 반감은 한동안 은근하게 지속되었다. 그러던 중, 또 한 번의 고결한 무모함으로 인해 그는 반쯤 왕족이나 다름없는 인물인 조반니 데 메디치를 불쾌하게 만들고 말았다. 레고르노 항구를 청소하기 위한 기계를 발명한 데 메디치가 갈릴레오에게 그에 대한 의견을 물었을 때, 갈릴레오는 솔직하게,

그리고 사실 그대로 그 기계는 쓸모없다고 대답했다. 실제로도 그 기계는 쓸모없는 것으로 판명되었다.

그러나 기분이 상한 발명가의 영향력은 컸다. 그는 갈릴레오가 궁정에서의 신임을 잃게 만드는 데 성공했고, 이를 틈타 갈릴레오의 반대자들은 그가 교수직에 머무르지 못하도록 압박을 가했다. 결국 갈릴레오는 3년의 임기를 채우지 못한 채 교수직에서 물러났고, 피사대학을 떠나 피렌체로 돌아갔다.

이 무렵 갈릴레오의 아버지가 세상을 떠났고, 가족은 어려운 형편에 놓이게 되었다. 그는 동생 하나와 누이 셋을 부양해야 했다. 그런 가운데 그는 베네치아 원로원으로부터 파두아대학의 교수직을 6년 임기로 제안받고, 기꺼이 수락했다.

여기서부터 갈릴레오의 성공적인 경력이 시작되었다. 그의 취임 연설은 뛰어난 웅변으로 사람들의 주목을 받았고, 그의 강의는 곧 명성을 얻게 되었다. 그는 제자들을 위해 운동 법칙, 요새의 구조, 해시계, 역학, 천구에 관해 글을 썼다. 이 가운데 일부는 오늘날까지 전해지지 않지만, 몇몇은 현재에 이르러 출판되었다.

이 시기에 케플러가 자신의 신간 《우주론의 신비(Mysterium Cosmographicum)》 한 부를 갈릴레오에게 보내주었고, 이에 대해 갈릴레오는 다음과 같은 편지를 보내 감사의 뜻을 전했다.

"진리를 추구하는 길에서 당신과 같은 훌륭한 동지를 얻었다는 사실을 참으로 다행스럽게 생각합니다. 또한 진리 그 자체의 친구이기도 한 당신과 함께할 수 있음은 더욱 기쁜 일입니다. 안타깝게도 진리를 추구하고, 그릇된 철학적 방식을 따르지 않는 이들이 너무도 적습니다. 하지만 지금은 우리 시대의 비참함을 한탄할 때가 아니라, 당신의 찬란한 발견들이 진리를 뒷받침하고 있다는 사실에 대해 축하를 보낼 때입니다.

나는 당신의 책을 끝까지 읽을 작정입니다. 그 속에서 훌륭한 내용을 많이 발견할 것임을 확신하기 때문입니다. 더욱이 나는 이미 수년 전부터 코페르니쿠스 체계의 지지자였고, 그 이론은 통상적으로 받아들여지는 가설로는 전혀 설명되지 않는 자연의 많은 현상들을 내게 설명해 주었습니다. 나는 이 통념을 반박하기 위해 수많은 논거를 수집해 두었습니다. 그러나 감히 그것들을 세상에 드러낼 수는 없습니다. 우리의 스승 코페르니쿠스의 전철을 밟을까 두렵기 때문입니다. 그는 일부 사람들에게는 불멸의 명성을 얻었지만, 어리석은 자들이 너무 많은 나머지, 매우 많은 사람들에게는 조롱과 멸시의 대상이 되어버렸습니다.

세상에 당신 같은 사람이 더 많았다면, 내 생각을 기꺼이 세상에 내놓았을 것입니다. 그러나 안타깝게도 그렇지 않기에, 그런 시도는 삼가고 있습니다."

케플러는 갈릴레오에게 코페르니쿠스 이론을 지지하는 논거들을 발표하라고 거듭 권유했지만, 갈릴레오는 주저했다. 자신이 그런 입장을 공개적으로 밝히면 조롱과 반발을 받을 것임을 잘 알고 있었고, 그 논쟁의 폭풍을 맞기 전에 자신의 교수직을 조금 더 단단히 다지는 편이 현명하다고 생각했던 것이다.

그렇게 여섯 해가 흘렀고, 베네치아 원로원은 이처럼 빛나는 인재를 잃지 않기 위해, 그의 임기를 큰 폭으로 인상된 급여와 함께 다시 6년을 연장했다.

이 무렵 1604년, 새로운 별이 나타났다. 이는 1572년에 티코 브라헤가 목격했던 그 별이 아니라, 케플러가 큰 관심을 가졌던 별이었다. 이에 대해 갈릴레오는 공개 강연을 세 차례 진행했는데, 첫 강연부터 극장이 만원이라 장소를 옮겨야 했다. 두 번째 강연은 천 명을 수용할 수 있는 강당에서 열렸고, 세 번째는 아예 야외에서 진행해야 할 정도로 청중이 몰렸다.

갈릴레오는 이 기회를 빌려 청중을 꾸짖었다. 그는, 그토록 많은 사람들이 덧없는 신기한 현상 하나를 듣기 위해 몰려들면서, 정작 항구적인 별들과 자연의 훨씬 더 놀랍고 중요한 진리들에 대해서는 귀를 닫고 있는 태도를 지적했다.

그러나 그가 새로운 별에 관해 밝혀낸 가장 핵심적인 사실은, 그것이 기존의 아리스토텔레스적 하늘 불변설을 무너뜨렸다는 점이었다. 그 이론에 따르면 하늘은 변화하지 않는 완전한 영역으로, 생성이나 소멸과는 무관한 곳이었다. 그런데 이제 하늘에 나타난 이 천체는 유성이 아니라 실제로 멀리 떨어진 별이었고, 이전에는 보이지 않다가 갑자기 나타나 목성보다도 밝게 빛났으며, 머지않아 다시 사라질 운명이었다.

경직된 교수진은 그 별의 출현 자체에도 불쾌해했지만, 갈릴레오가 그 사실을 공개적으로 환기시킨 일에는 더욱 격분했다. 논쟁은 파두아에서 시작되었다. 그러나 갈릴레오는 이를 기꺼이 받아들였고, 이제는 대담하게 코페르니쿠스 이론을 지지하며 정면으로 도전장을 내밀었다. 그리하여 그는 그동안 관행에 따라 학교에서 가르쳐 왔던 프톨레마이오스 체계를 전면적으로 거부했다.

이제 지구는 더 이상 하늘의 모든 존재들이 시중드는 유일한 세계가 아니었다. 그저 하늘의 무수한 별들 사이에 끼어 있는 하찮은 점에 불과했다! 인간도 더 이상 창조의 중심이자 주목받는 존재가 아니라, 마치 이 작은 점 위를 기어 다니는 곤충에 지나지 않았다! 그리고 이 모든 주장은 더 이상 코페르니쿠스 시대처럼 소수의 수도사들만이 읽을 수 있는 난해한 라틴어로 된 건조한 책 속에 갇혀 있는 것이 아니었다.

그것은 이제 풍부한 이탈리아어로, 비유와 실험, 교양 있는 재치로 설명되며, 여기저기 곰팡내 나는 도서관에 틀어박힌 몇몇 학자들에게만이 아니라, 민중 전체를 향해 열정적으로, 언어의 대가이자 새 신념에 불타는 전도자의 힘으로 선포되었다! 만일 화석 같은 교수들 사이에 폭탄이 터졌다 해도 이보다는 덜 충격적이었을 것이다.

그러나 교수들에게 닥친 일은 거기서 끝이 아니었다. 더 큰 충격이 다가오고 있었다.

네덜란드 미델뷔르흐Middelburg의 안경사, 한스 리페르셰이Hans Lippershey는 자신의 가게에 이상한 장난감을 하나 놓고 있었다. 전해지는 말에 따르면, 견습공이 만든 이 장치는 두 개의 안경 렌즈로 구성되어 있었고, 그것을 들여다보면 이웃 교회의 첨탑 위 풍향계가 더 가까이, 거꾸로 보였다.

어느 날 스피놀라 후작Marquis Spinola이 우연히 가게에 들렀다가 이 장난감을 보고 흥미를 느껴 그것을 사갔고, 나사우의 마우리츠 왕자(Prince Maurice of von Nassau : 16세기 말 네덜란드의 군사혁신가, 정치인)에게 보여주었다. 왕자는 군사 정찰에 유용하겠다고 여겼다.

이 모든 이야기는 다소 사소한 일처럼 보인다. 그러나 정말 중요한 것은 희미하고 부정확한 단편적인 이 소식이 파두아까지 전해졌고, 마침내 갈릴레오의 귀에 들어갔다는 사실이다.

그 씨앗은 좋은 땅에 떨어졌다. 갈릴레오는 그날 밤을 꼬박 새우며 깊은 사색에 잠겼다. 그는 렌즈와 확대경에 대해 알고 있었고, 케플러의 눈에 관한 이론도 읽었으며, 자신 또한 광학에 관한 강의를 해온 인물이었다.

그렇다면 자신도 하늘의 천체들을 더 가까이 볼 수 있는 기구를 고안할 수 있지 않을까? 그렇게만 된다면, 그 속에서 어떤 놀라운 것들을 발견하게 될지도 알 수 없는 일이었다.

날이 밝을 무렵, 그는 몇 가지 실험 계획을 세워두었고, 그 중 하나가 성공했다. 놀랍게도, 그가 고안한 방식은 네덜란드 안경사의 방식과는 전혀 달랐지만, 결과적으로는 같은 목적을 달성하는 다른 경로였다.

그는 오래된 작은 오르간 파이프를 하나 가져와서, 적절히 고른 안경 렌즈 두 개를 양쪽 끝에 끼워 넣었다. 한쪽은 볼록 렌즈, 다른 한쪽은 오목 렌즈였다. 그러자 그는 형편없이 조악한 오페라 글라스 반쪽짜리 수준의 망원경을 손에 넣게 되었다. 배율은 겨우 세 배였지만, 네덜란드 사람이 만든 것보다는 나았던 것이, 상하가 뒤집히지 않는다는 점이었다.

망원경의 일반 원리는 어렵지 않게 이해할 수 있다. 대부분 일반 확대경의 원리에 대해서는 잘 알려져 있었다. 로저 베이컨도 렌즈에 대해 알고 있었고, 고대인들도 자주 그것을 언급하곤 했지만, 주로 태양광을 집중시키는 불쏘시개 용도(집광 렌즈)로 사용했다. 물방울 형태의 유리구슬이 사물을 확대해 보여준다는 사실은, 아마 유리가 처음 발견되어 가공되기 시작한 직후부터 인지되었을 것이다.

확대경은 가장 단순하게 생각하면 눈에 추가로 붙이는 보조 렌즈라고 할 수 있다. 눈에는 자체적으로 사물을 볼 수 있게 해주는 수정체가 있지만, 여기에 추가로 유리 렌즈 하나를 더 붙이면, 눈의 기능이 강화되어 사물을 더 가까이, 더 크게 볼 수 있게 된다.

그러나 이러한 확대경을 멀리 있는 물체에 직접 적용하는 것은 불가능하다. 먼 곳에 있는 대상을 확대하려면, 렌즈의 또 다른 기능, 즉 실제 상을 형성하는 능력을 활용해야 한다. 바로 렌즈가 태양빛을 한 점에 모아 종이를 태우는 집광 렌즈로 쓰이는 것과 같은 원리다. 렌즈가 만들어내는 가장 정확한 초점은 바로 태양의 상(像)이다.

비록 실제 물체 자체에는 접근할 수 없더라도, 그 물체의 상에는 접근할 수 있으며, 그 상에다 확대경을 적용할 수 있다. 이것이 정확히 망원경에서 이루어지는 일이다. 즉, 대물렌즈(큰 렌즈)가 먼 물체의 상을 먼저 형성하고, 우리는 그 상을 접안렌즈(작은 확대경)를 통해 들여다보는 것이다.

물론, 망원경이 만들어내는 상이 실제 물체만큼 크게 보일 리는 없다. 특히 천체와 같은 멀리 있는 대상에 대해서는, 그 상은 실제 물체에 비하면 거의 무한히 작다. 그럼에도 불구하고, 그것은 정확한 형태를 가진 상이며, 접근하기 쉬운 곳에 놓인 재현물이다.

누구도 망원경이 먼 물체를 실제 크기 그대로 보여주리라고는 기대하지 않는다. 망원경이 해내는 일은 단 하나, 그냥 눈으로 보는 것보다는 훨씬 더 크게 보여주는 것뿐이다.

그러나 대상이 멀리 있지 않더라도, 같은 원리를 그대로 적용할 수 있다. 즉, 하나는 상을 만들고, 다른 하나는 그 상을 확대하는 방식으로 두 개의 렌즈를 사용할 수 있는 것이다.

다만, 대상을 우리가 원하는 위치에 자유롭게 둘 수 있다면, 그 상은 확대렌즈로 보기 전에 이미 물체보다 훨씬 크게 만들 수 있다. 이것이 바로 복합 현미경(compound microscope : 두 개 이상의 렌즈를 이용한 광학 현미경)의 원리이며, 이 장치는 망원경의 발명 직후에 곧 이어 등장했다.

실제로 망원경과 현미경은 그 경계가 모호하게 겹치며, 서로 이어지는 기기라고 볼 수 있다. 예를 들어 실험실에서 온도계나 아주 작게 나눈 눈금을 읽을 때 사용하는 독서용 망원경reading telescope 또는 독서용 현미경reading microscope은 그 명칭이 서로 뒤섞여 쓰일 정도로 유사한 구조를 갖고 있다.

지금까지 설명한 방식으로는 망막에 상이 익숙하지 않은 방향, 즉 거꾸로 맺히게 된다. 그러나 이 불편은 볼록 렌즈 대신 오목 렌즈를 사용하고, 상이 따로 맺히지 않고 직접 망막 위에 형성되도록 배치함으로써 피할 수 있다.

오늘날 갈릴레오가 만든 것과 같은 기구는 아마 장난감 가게에서 쉽게 살 수 있을 것이다. 그러나 밀턴이 '유리로 된 광학

관'이라 불렀던 그 기구 안에는 엄청난 잠재력이 담겨 있었다. 갈릴레오는 그것을 가지고 베네치아로 가서 당시 베네치아의 통치자들에게 보여주었고, 그들은 크게 놀랐다.

당시의 일을 갈릴레오는 '많은 귀족들과 원로원 의원들이, 비록 고령이었지만, 가장 높은 탑 중 하나에 올라가 내 망원경으로 배를 지켜보았다. 망원경으로는 항구에 들어오기 두 시간 전에 배가 보였는데, 50마일 떨어진 물체도 마치 5마일밖에 떨어지지 않은 것처럼 가깝고 선명하게 보였기 때문이다.'라고 기록했다.

시민들 사이에서도 이 기구는 엄청난 놀라움과 관심을 불러일으켜, 구경하려는 사람들로 북새통을 이뤘다. 원로원은 그 기구를 선물로 받으면 마다하지 않겠다는 뜻을 에둘러 전했고, 갈릴레오는 그 뜻을 알아차리고 새로 하나를 만들어 그들에게 바쳤다.

원로원은 즉시 갈릴레오의 파두아 교수 연봉을 두 배로 인상하여 1,000 플로린으로 올려주었고, 그 금액을 종신토록 보장해 주었다. 이에 힘을 얻은 갈릴레오는 곧 더 크고 더 정밀한 망원경을 만들기 위한 작업에 몰두했다. 그는 뛰어난 솜씨로 렌즈를 손수 갈고 다듬었고, 마침내 30배의 배율을 지닌 망원경을 만드는 데 성공했다. 이제 그는 천체를 조사할 준비를 모두 마친 셈이었다.

그림 21 작은 망원경으로 본 반달의 모습. 어두운 지역들, 즉 평지처럼 보이는 부분들은 예전에는 '바다(seas)'라고 불렸다.

그가 망원경으로 가장 먼저 정밀하게 관찰한 대상은 당연히 달이었다. 그는 한눈에 보기에도 달의 모습이 지구와 매우 닮아 있다는 사실을 발견했다. 산과 계곡, 분화구와 평지, 바위 그리고 얼핏 보기에 바다처럼 보이는 부분들까지 있었다.

이런 발표는 아리스토텔레스 철학자들, 특히 그가 떠나온 피사의 교수들 사이에서 큰 적대감을 불러일으켰다. 그들에겐 달이 순수하고 매끄러운 수정체의 하늘, 즉 완전무결한 천상의 세계였기 때문이다. 그런데 갈릴레오는 그 고결하고 숭고한 천체의 얼굴을 거칠고 울퉁불퉁한, 지구처럼 하찮고 천한 세계로 만들어버린 것이다.

그러나 갈릴레오는 여기에서 더 나아가, 기존의 교리에 더욱 어긋나는 주장을 펼쳤다. 그는 달이 지구처럼 생겼다고 말했을 뿐 아니라, 지구도 달처럼 빛난다고 주장한 것이다. '초승달 속의 그믐달'이 보이는 현상, 즉 초승달 옆에 흐릿하게 떠 있는 달의 어두운 부분이 보이는 이유를 그는 지구광으로 설명했다.

한 세기 전, 레오나르도 다 빈치도 같은 설명을 한 바 있었다. 당시 코페르니쿠스 이론, 즉 지구도 다른 행성과 마찬가지로 하나의 행성에 불과하다는 주장에 맞서 흔히 사용되던 반박 논리는, 지구는 어둡고 둔탁해서 빛나지 않는다는 것이었다. 그러나 갈릴레오는 지구도 달처럼 빛나며, 실제로는 달보다 더 밝다고 반박했다. 특히 구름으로 덮여 있을 경우 더욱 그렇다고 했다. 금성이 유독 눈부시게 빛나는 것도, 그것이 구름이 매우 많은 행성이기 때문이라는 것이다.

달에서 지구를 바라본다면, 지구는 우리가 하늘에서 보는 달과 똑같이 보이겠지만, 단지 훨씬 더 밝고, 크기는 지름 기준으로 네 배, 면적으로는 열여섯 배나 클 것이다.

갈릴레오는 달의 산 높이를 매우 정확하게 추정해냈는데, 그중 5마일 높이의 산이 많았고, 어떤 것은 무려 7마일에 이르기도 했다. 그는 이 작업을, 반달의 직선 경계로부터 산봉우리가 떠오르는 태양빛을 처음 혹은 마지막으로 받는 지점까지의 거리를 측정하는 단순한 방식으로 수행했다. 그림 22에 제시된 간단한 도식은, 이 거리와 달의 지름의 비율이 태양빛에 닿은 산

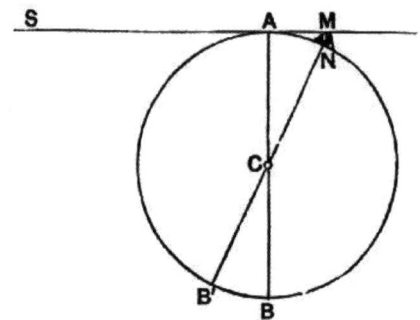

그림 22 갈릴레오가 달의 산 높이를 추정한 방법
AB'BC는 밝게 빛나는 달의 반쪽이다. SA는 태양광선으로, 산꼭대기 M에 막 닿고 있는 광선을 나타낸다. 이때 기하학적으로 보면, MN(산의 높이)이 MA에 대한 비율은 MA가 MB'에 대한 비율과 같으므로, 산의 높이 MN을 계산할 수 있다. 지구와 관측자는 BA 선을 연장한 방향, 즉 그림의 위쪽 방향 어딘가에 위치한 것으로 가정된다.

의 높이와 그 거리의 비율과 같다는 것을 보여준다.

갈릴레오가 망원경을 어디로 돌리든 새로운 별들이 나타났다. 고대인들을 오래도록 당혹스럽게 했던 은하는 수많은 별들로 이루어져 있다는 것이 밝혀졌고, 육안으로는 하나로 보이던 별들 가운데 일부는 실제로 쌍성임이 드러났다. 곳곳에는 희미하고 안개 같은 얼룩들도 관측되었는데, 어떤 것은 별무리로 보였고, 어떤 것은 단지 솜털 같은 구름처럼 보이기도 했다.

이제 우리는 그가 이룬 가장 눈부신, 아니 적어도 가장 충격적인 발견에 이르게 된다. 1610년 1월 7일, 갈릴레오는 목성을 자세히 관측하던 중 그 근처에 세 개의 작은 별을 발견했고, 그 것을 목성의 위치를 고정하는 기준으로 기록해두었다. 그런데 다음 날 밤, 목성은 그 세 별의 반대편으로 이동해 있었다. 이 자체는 이상할 것이 없었지만, 움직이는 방향이 맞는지 다시 확인해보니 그렇지 않았다.

혹시 행성표가 잘못된 것일까? 다음 날인 9일은 흐린 날씨 때문에 관측할 수 없었고, 그는 초조함을 억누르며 기다려야 했다. 10일에는 별이 두 개만 보였고, 그것도 반대쪽에 있었다. 11일에도 두 개였지만, 그중 하나가 더 커 보였다. 12일에는 세 개가 다시 나타났고, 13일에는 네 개가 관측되었다. 그리고 그 이후로는 더 이상 늘어나지 않았다.

그리하여 목성도 지구처럼 위성을 가지고 있다는 사실이 드러났고, 실제로는 네 개였으며, 곧 이것들의 공전 주기까지 정확히 밝혀졌다.

이 위성들이 처음에는 모두 보이지 않았고, 그 가시성이 빠르게 변하는 이유는, 그것들이 거의 우리 시선의 평면상에서 목성 주위를 공전하기 때문이다. 그래서 어떤 때는 목성 앞쪽에 있고, 또 어떤 때는 그 뒤에 있으며, 때로는 목성의 그림자 속으로 들어가 태양빛을 받지 못해 보이지 않게 된다.

현대의 대형 망원경은 위성들이 목성 앞에 있을 때도 보여줄 수 있지만, 작은 망원경은 이것들이 목성의 원반이나 그림자에서 벗어나 있을 때만 관측할 수 있다. 네 개 모두가 보일 때도 있지만, 셋이나 둘 정도만 보이는 경우가 흔하다.

작은 망원경, 예를 들어 배에서 사용하는 망원경 정도만 해도 손에 잘 고정해서 보면 목성의 위성들을 관측할 수 있으며, 이들은 매우 흥미로운 관측 대상이다. 이 위성들은 실제로 사람이 거주할 수 있을 만큼 큰 천체들이며, 우리가 아직 알지 못하는 방식으로 중요할 수도 있는 세계들이다.

이 발견의 소식은 곧 퍼져나가 큰 관심과 놀라움을 불러일으켰다. 물론 많은 이들이 그것을 믿으려 하지 않았다. 어떤 사람들은 망원경으로 실제로 그것을 보여주었음에도 불구하고 자신의 눈을 믿지 않았고, 망원경이 지상의 사물을 볼 때는 잘 작동하지만 하늘에 대해서는 전혀 거짓되고 환상적인 것이라고 주장했다. 또 어떤 이들은 더 안전한 입장을 취하며 아예 망원경을 들여다보기를 거부했다. 그 중 위성들을 보기를 거부했던 한 사람이 얼마 뒤 세상을 떠났는데, 이에 대해 갈릴레오는 이렇게 말했다. '그가 천국으로 가는 길에 그것들을 보았기를 바란다.'

케플러가 이 소식을 받아들인 방식은 지극히 케플러다운 면모를 보여준다. 이 발견이 행성의 수를 네 개나 더하는 것이었으므로, 그가 믿었던 다섯 개의 정다면체 이론을 뒤흔드는 것으로 보일 수도 있었다. 그는 이렇게 썼다.

"나는 집에서 한가롭게 앉아 있었고, 가장 훌륭한 갈릴레오 당신과 당신의 편지를 생각하고 있었습니다. 그때 누군가가 이중 렌즈의 도움으로 행성 네 개가 새로 발견되었다는 소식을 전해주었죠. 바헨펠스가 제 집 앞에 마차를 멈추고 이 이야기를 전해주었는데, 그 말이 너무 황당하게 들려서 순간적으로 놀라움에 휩싸였습니다. 예전에 당신과 나 사이의 논쟁 하나가 이런 방식으로 결판이 났다는 생각에 흥분이 몰려왔고, 놀람과 기쁨, 당혹스러움이 한꺼번에 몰려와 우리 둘 다 웃음을 터뜨리는 바람에 이 놀라운 소식 앞에서 그도 말을 제대로 못 하고, 나도 제대로 들을 수 없을 지경이었습니다.…

우리가 헤어진 뒤, 나는 곧장 생각에 잠겼습니다. 태양을 도는 행성의 수가 어떻게 늘어날 수 있다는 말인가? 열세 해 전에 출간한 나의 《우주기하학의 신비》에서는, 유클리드의 다섯 개 정다면체에 따라 태양 주위를 도는 행성은 여섯 개를 넘을 수 없다고 했는데 말입니다.

하지만 나는 목성 주위를 도는 네 개의 위성의 존재를 전혀 의심하지 않습니다. 오히려 망원경을 손에 넣어, 만약 가능하다면 당신보다 먼저 화성 주위를 도는 위성 두 개(비례상 반드시 있어야 한다고 나는 생각합니다), 토성 주위를 도는 위성 여섯 개 또는 여덟 개, 그리고 수성과 금성 주위를 도는 위성 각각 하나씩을 발견해보고 싶다는 열망이 생길 뿐입니다."

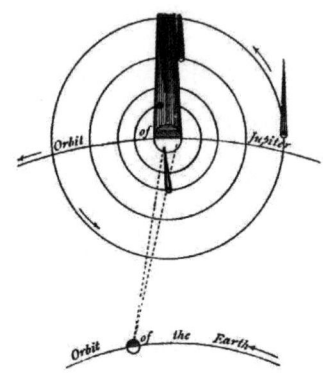

그림 23 목성 위성들의 식(蝕) 현상
이 도해는 첫 번째 위성(즉, 가장 가까운 위성)이 목성의 그림자에 들어가 있는 모습을, 두 번째 위성이 지구와 목성 사이를 지나며 목성의 원반을 통과하는 모습을, 세 번째 위성이 목성의 그림자에 막 진입하려는 모습을, 그리고 네 번째 위성이 분명히, 별도로 잘 보이는 모습을 보여준다.

이제 반대 학파의 예로, 피렌체의 천문학자 프란체스코 시치 (Francesco Sizzi: 17세기 천문학자. 태양 흑점의 연간 이동을 처음으로 발견했다)의 글에서 한 대목을 소개해보자. 그는 다음과 같은 논리로 이 발견에 반대하고 있다.

"머리에는 일곱 개의 창이 있다. 두 개의 콧구멍, 두 개의 눈, 두 개의 귀 그리고 하나의 입. 마찬가지로 하늘에도 일곱 개의 행성이 있다. 두 개는 길한 별, 두 개는 흉한 별, 두 개는 광체

(태양과 달), 그리고 하나는 중립적이고 무관심한 수성이다. 이 밖에도 일곱 가지 금속 등 셀 수 없이 많은 자연의 유사한 현상들로부터, 우리는 행성의 수가 필연적으로 일곱이라는 결론을 얻게 된다.

게다가 그 위성들은 육안으로는 보이지 않기 때문에, 지구에 아무런 영향을 줄 수 없고, 따라서 무용하며, 결국 존재하지도 않는다.

게다가 유대인들과 다른 고대 민족들, 그리고 현대의 유럽인들까지 모두 일주일을 일곱 날로 나누었고, 그 이름을 일곱 개의 행성에서 따왔다. 그런데 행성의 수가 늘어나게 되면 이 체계 전체가 무너지게 된다."

이에 대해 갈릴레오는 이런 주장들이, 미리부터 행성이 일곱 개 이상일 수 없다고 믿는 이유로서 나름 설득력이 있을 수는 있겠지만, 막상 실제로 새로운 행성들이 눈앞에 보이는데 그것을 부정하기에는 그다지 무게 있는 논거로 보이지 않는다고 응답했다.

이 무렵 갈릴레오는 케플러에게 이렇게 외치듯 편지를 썼다.

"오, 사랑하는 케플러여, 우리가 함께 배를 잡고 실컷 웃을 수 있다면 얼마나 좋겠습니까! 여기 파두아에는 철학 교수라는 작자가 있는데, 내가 그에게 망원경으로 달과 행성들을 직접 보라고 거듭 간청했건만, 그는 완강하게 거부하고 있습니다. 당신이 여기 있다면 좋겠군요! 이 지독한 어리석음에 우리가 얼마나 통쾌하게 웃어댈지! 그리고 피사에서는 철학 교수가 대공 앞에서 온갖 논리적 궤변을 늘어놓으며 마치 마법의 주문이라도 외우듯 하늘에서 그 새로운 행성들을 몰아내려 애쓰고 있으니 말입니다."

케플러의 독일인 제자였던 마르틴 호르키는 이탈리아를 여행하던 중 볼로냐에서 갈릴레오를 만나 그의 망원경으로 관측할 기회를 얻었다. 그러나 그는 케플러가 이처럼 위대한 발견에 질투심을 가질 것이라 지레짐작하고, 그를 기쁘게 해줄 심산으로 이렇게 편지를 썼다.

'이 관측에 대해 뭐라고 생각해야 할지 모르겠습니다. 정말 놀랍고 경이롭습니다. 하지만 그것이 진실인지 거짓인지는 잘 모르겠습니다.' 그리고 이렇게 덧붙였다. '나는 설령 죽는 한이 있더라도, 파두아 출신 그 이탈리아인에게 그의 새로운 행성 네 개는 결코 인정하지 않을 것입니다.'

그는 마침내 소책자를 출간하여, 망원경에 보이는 것은 모두 반사광과 시각적 착각의 결과일 뿐이며, 그 상상의 행성들이란 갈릴레오의 명성과 돈에 대한 갈증을 채우기 위한 도구에 불과하다고 주장했다.

이런 행태를 보인 뒤 그는 옛 스승 케플러를 찾아갔고, 예상치 못한 응대를 받았다. 그러나 그는 용서를 구하며 간절히 호소했고, 케플러는 그를 부분적으로 용서해주었다. 단, 조건이 하나 있었다. 망원경으로 다시 목성의 위성들을 관측하고, 이번에는 그것들이 실제로 존재함을 인정해야 한다는 것이었다.

그 뒤로 갈릴레오의 반대자들도 점차 그의 발견이 사실임을 인정할 수밖에 없게 되었고, 다음 단계는 그를 능가하려는 시도였다. 샤이너(Scheiner : 16세기 예수회 소속의 독일의 천문학자, 광학자)는 다섯 개를 셌고, 라이테르Rheiter는 아홉 개, 다른 사람들은 열두 개까지 주장했다. 그러나 이들 중 일부는 상상의 산물이었고, 일부는 고정별이었으며, 오늘날까지도 알려진 목성의 위성은 네 개뿐이다.

이제 우리는 갈릴레오가 가장 위대한 순간에 거의 도달한 지점에서 잠시 그를 떠나야 한다. 몇 걸음 더 가면 그는 언덕의 정상에 다다를 것이고, 그 뒤엔 잠시 평탄한 길이 이어지다가, 곧 내리막이 시작될 것이다.

제5장
갈릴레오와 종교 재판소

갈릴레오가 파두아에 머물던 시절, 우리가 지금까지 다룬 시기의 조금 전, 즉 망원경을 발명하기 이전 — 정확히는 그가 파두아에 온 지 2년 뒤쯤 — 그의 삶에 깊은 그림자를 드리웠을 사건이 하나 일어났다. 갈릴레오 자신에게 직접적인 관련이 있었던 일은 아니지만, 그 당시에나 그 이후로도 그의 삶에 큰 영향을 끼쳤음이 분명하기 때문에 반드시 언급해야 한다. 그것은 조르다노 브루노Giordano Bruno의 이단 혐의에 따른 처형이었다. 이 뛰어난 철학자는 여러 나라를 여행하며 다양한 사상을 접했고, 한동안 영국에도 머문 바 있었다. 그는 여러 주제에 대해 새롭고 정통 교리에서 벗어난 관점을 갖게 되었고, 이탈리아로 돌아온 뒤에도 그것을 공공연히 주장하는 데 주저하지 않았다.

지구의 운동에 관한 코페르니쿠스의 학설은 브루노가 주장한 비난받기 쉬운 이단 중 하나였다. 교회의 박해를 어느 정도 받게 되자, 그는 교황청의 영향력에서 거의 독립적인 자유 공화국인 베네치아로 몸을 피했다. 그곳에서는 자신이 안전하다고 느

껐다. 당시 갈릴레오는 바로 인근 파도바에 있었고, 파도바 대학교는 베네치아 상원의 통치 아래 있었다. 두 사람은 거의 확실히 서로 만났을 것이다.

그러던 중 로마의 종교재판소는 이단 혐의로 브루노를 심문하기 위해 로마로 압송할 것을 요구하며 베네치아로 사절을 보냈다.

베네치아 공화국은 비참하게 쇠락하던 순간에 그를 넘겨주었고, 브루노는 로마로 압송되었다. 그곳에서 그는 재판을 받았고 지하 감옥에 6년 동안 갇혔으며, 끝내 어떠한 철회도 완강히 거부했기 때문에 세속 권력에 넘겨져 1600년 2월 16일 화형에 처해졌다.

이 사건은 진리를 사랑하고 밝히려는 이들의 마음에 어두운 그림자를 드리우지 않을 수 없었고, 그 교훈은 아마도 갈릴레오의 마음속 깊이 새겨졌을 것이다.

이러한 역사적 사건들을 다룰 때, 나는 어떤 식으로든 종파적인 편향이나 의미를 담지 않겠다는 점을 분명히 해두고자 한다. 나는 가톨릭이냐 개신교냐 하는 문제와는 아무런 관련이 없으며, 로마 교회 자체에 대해서도 마찬가지다. 내가 다루는 것은 과학의 역사이다. 그러나 역사적으로 어느 시기에 과학과 교회는 충돌하게 되었다. 그것은 특정 교회가 아니라, 당시 그 지역에 존재했던 유일한 교회 일반과의 충돌이었다. 역사적으로 말하자면, 그 충돌에서 교회가 승리했고, 과학은 패배했다. 교회는 자기 뜻을 관철시켰고, 브루노, 갈릴레오 그리고 다른 여러 인물들로 대표되는 과학은 굴복당했다.

이러한 사실들이 존재하는 이상, 과학의 역사를 다룰 때 그것들을 언급하지 않을 수는 없다. 물론 오늘날의 교회는 그것을 불행한 승리로 여기며, 이 고통스러운 투쟁을 잊고 싶어할지도 모른다. 그러나 그것은 불가능한 일이다. 당시의 신조를 가진 교회 인사들에게는 달리 행동할 여지가 없었다. 그들은 이단을 탄압해야만 했고, 그 투쟁에서 반드시 승리해야만 했으며, 그렇지 않으면 스스로 붕괴할 수밖에 없었기 때문이다.

하지만 나는 한 가지를 분명히 하고 싶다. 교회의 재판소가 범죄를 저질렀다거나 악의적 동기를 가졌다고 비난하는 사람은 없다는 사실이다. 그들은 자신들의 방식대로 이단을 단죄했을 뿐이고, 마찬가지로 세속의 법정 또한 자신들의 방식대로 마녀를 단죄했다. 양쪽 모두 중대한 오류를 범했지만, 모두가 선한 의도를 가지고 행동한 것이었다.

또한 우리는 이 점을 기억해야 한다. 갈릴레오의 주장은 과학적으로도 이단이었다. 그 시대의 대학 교수들 또한 교회 못지않게 그의 주장을 반대했을 것이다. 그 시대의 상황을 제대로 이해하려면, 오늘날에도 과학적으로 이단시되는 어떤 주제를 떠올려 보고, 다양한 신념을 가진 사람들이 그것을 대하는 일반적인 태도를 생각해 보면 된다.

만약 오늘날 어떤 이들이, 성직자들이 갈릴레오를 잘 대우했다고 주장한다면, 나는 기꺼이 그것을 인정한다. 그들은 가능한 한 최선의 대우를 했다. 그들은 그를 굴복시켰고, 그는 철회했다. 그러나 만약 그가 철회를 거부하고 끝까지 이단적 신념을 고수했다면 그들은 그의 영혼은 여전히 잘 돌보았겠지만, 그의 육신은 화형에 처했을 것이다.

그들의 잘못은 잔혹함에 있지 않다. 그들의 오류는 자신들이 영원한 진리의 심판자라고 믿은 데 있었다. 그리고 아무리 사실을 덮고 미화하려 해도, 그들이 그릇된 자세로 떠맡은 책임에서 벗어날 수는 없다.

나는 지금 교황무오류설이라는 교리를 공격하려는 것이 아니다. 역사적으로 보건대, 지구의 운동을 둘러싼 논쟁은 이 교리와 아무런 관련이 없다. 왜냐하면 이 문제에 대해 공식 무오류적 권위로 반포된 교황의 칙령은 없었기 때문이다.

우리는 앞서 망원경을 들여다보며 천체를 관측하기 시작한 갈릴레오를 만난 바 있다. 우리는 그가 발견한 몇 가지 위대한 성과들을 함께 따라갔다. 예를 들어 달 표면의 산과 골짜기 등 다양한 지형의 발견, 성운들과 희미한 별들의 무수한 존재 확인 그리고 마지막으로 목성 주위를 도는 네 개의 위성 발견 등이 그것이다.

이 마지막 발견은 엄청난 반향을 불러일으켰고, 곧 이어 그가 파도바를 떠나는 일에도 일정 부분 영향을 미쳤다. 그가 파도바를 떠난 이야기는 잠시 뒤에 하겠지만, 먼저 그가 어디에서 관측을 했는지는 잠시 제쳐두고, 그의 천문학적 발견들을 계속해서 살펴보는 것이 좋을 것이다.

그해가 가기 전에 갈릴레오는 또 하나의 발견을 해냈다. 이번에는 토성과 관련된 것이었다. 그러나 도둑질과 표절을 일삼는 자들이 많았기 때문에, 그는 이 발견을 직접 밝히는 대신 암호문, 즉 애너그램anagram 형태로 발표했다. 그리고 이 애너그램은, 아마 케플러의 권유로 추정되는 루돌프 황제의 요청에 따라 해독되었는데, 그 뜻은 다음과 같았다.

"가장 멀리 있는 행성은 셋으로 되어 있다."

그로부터 얼마 지나지 않아 갈릴레오는 금성이 보름달 모양에서 반달 모양으로 바뀌고 있다는 사실을 발견했다. 이 발견 역시 그는 암호문 형태로 발표해 두었고, 금성이 초승달 모양으로 변할 때까지 기다렸다. 결국 금성은 실제로 초승달 형태를 보였고, 그의 예측이 맞았음이 증명되었다.

이것은 코페르니쿠스 이론에 반대하던 이들에게 치명적인 타격이었다. 왜냐하면 이것이야말로 코페르니쿠스 체계를 받아들이는 데 남아 있던 마지막 의심의 여지를 없애주는 증거였기 때

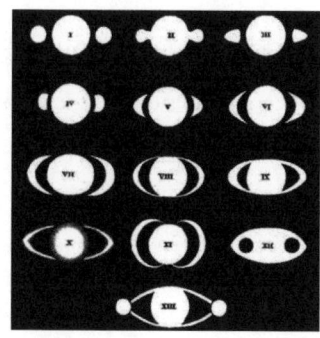

그림 24 당시 관측자들이 불완전한 장비로 그린 토성의 옛날 그림들. 첫 번째는 갈릴레오가 본 것을 바탕으로 그린 것이다.

문이다.

코페르니쿠스는 이미 백 년 전, 언젠가 우리의 시력이 충분히 향상된다면 금성과 수성이 달처럼 위상을 갖는 모습을 볼 수 있을 것이라고 예언한 바 있었다. 그리고 이제 갈릴레오는 망원경을 통해 그 예언을 그대로 확인한 것이다.

이것은 위대한 수도사에게는 엄청난 승리였고, 그를 반대하던 자들에게는 매우 씁쓸한 충격이었다.

카스텔리Castelli는 이렇게 썼다. "이제 가장 완고한 자들도 설득되지 않을 수는 없겠지요." 하지만 경험이 더 많은 갈릴레오는 이렇게 답했다.

"그러한 명백한 관측이 가장 완고한 자들을 설득하기에 충분하다고 말하니, 웃음이 나올 뻔했습니다. 당신은 아직 배우지 못했군요. 오래전부터 관측만으로도 이성적인 사고가 가능한 이들, 진실을 알고자 하는 이들에게는 충분했다는 사실을 말입니다. 하지만 고집불통이며, 무지한 대중의 헛된 갈채 말고는 아무 관심도 없는 자들을 설득하기 위해서는, 설령 별들이 직접 땅에 내려와 말한다 해도 부족할 겁니다. 그러니 우리 스스로를 위해 지식을 얻도록 힘쓰고, 그로써 만족합시다. 세상의 평판을 얻는다거나, 책 속 철학자들의 동의를 얻는 일은 애초에 기대도, 바람도 접어야 합니다."

정말 놀라운 한 해였다.
단 12개월 동안, 관측 천문학은 이전에도 이후에도 없었던 거대한 도약을 이뤄냈다.
다른 사람들은 왜 이런 관측을 하지 못했을까? 그 이유는 갈릴레오처럼 망원경을 만들 수 있는 사람이 없었기 때문이다.
하지만 그는 제자들을 모아 렌즈를 다루는 방법을 가르쳤고, 그렇게 그의 망원경은 점차 유럽 전역으로 퍼져나가게 되었다. 그 결과 천문학자들은 갈릴레오의 찬란한 발견들을 하나하나 확인하게 되었다. 그러나 갈릴레오는 거기서 멈추지 않고 계속 작업을 이어나갔고, 이듬해 3월에는 아리스토텔레스 철학자들이 더욱 싫어할 만한 것을 보게 되었다. 그것은 바로 태양의 흑점이었다.

그러나 그 현상은 명백히 존재했다. 그것들은 서서히 형성되고 변화했으며, 함께 움직이는 모습을 통해 태양이 한 달에 한 번 자전한다는 사실을 보여주었다.

갈릴레오의 천문학적 연구를 마무리하기에 앞서, 1612년 말에 이루어진 한 가지 관측을 언급하지 않을 수 없다. 바로, 토성이 세 갈래로 보이던 현상(그림 24 참고)이 사라졌다는 것이었다.

"며칠 전 토성을 관측해보니, 익숙하던 별들이 보이지 않았고, 말하자면 토성은 더없이 둥글고 또렷하게, 목성과 같은 모습으로 홀로 떠 있었다. 지금도 여전히 그렇다. 이런 기이한 변화에 대해 무엇이라 말할 수 있을까? 혹시 그 두 작은 별들은 태양의 흑점처럼 소멸된 것인가? 갑자기 사라져 도망쳐버린 것인가? 아니면 토성이 자기 자식들을 삼켜버린 것인가? 아니면 그 모습 자체가 기만과 착각이었으며, 그 망원경들이 나와 수많은 관측자들을 오랜 시간 속여온 것인가? 어쩌면 지금이야말로, 더 깊은 사유로 이 새로운 관측이 얼마나 허망한 것인지 간파해왔던 이들이 시들었던 희망을 다시 되살릴 때일지도 모르겠다! 이렇게 이상하고, 새롭고, 예상치 못한 사태 앞에서 나는 무엇이라 말해야 할지 알 수 없다. 시간의 짧음, 전례 없는 상황, 내 지성의 부족, 실수할지도 모른다는 두려움 — 이 모든 것이 나를 심히 혼란스럽게 한다."

그림 25 가장 좋은 조건에서 본 토성과 그 고리

그러나 갈릴레오는 용기를 내어, 그 두 동반 천체가 행성을 중심으로 회전하면서 다시 나타날 것이라고 추측했다.

이 현상의 진짜 이유는 오늘날 우리에게 잘 알려져 있다. 토성 고리의 평면은 우리의 시선 방향을 중심으로 서서히 진동하듯 기울기를 바꾸기 때문에, 때로는 그 고리를 옆면으로, 때로는 어느 정도 기울어진 상태로 보게 된다. 고리는 너무 얇아서, 정확히 옆면으로 향할 경우에는 보이지 않게 된다. 당시 갈릴레오가 본 '두 개의 위성처럼 보였던 것'은 실제로는 고리의 가장 눈에 띄는 부분이었으며, 훗날 '안사ansa'라 불리게 된다.

지금까지 이 눈부신 발견의 목록을 방해하지 않기 위해 전기적인 설명은 생략해왔지만, 이제 우리는 1609년과 1610년으로 되돌아가야 한다. 바로 망원경이 발명된 시기다.

이때까지 갈릴레오는 파두아에서 18년 동안이나 머물렀고, 오랫동안 같은 일을 해온 많은 이들처럼 끊임없는 강의에 점점 지쳐가고 있었다. 게다가 그의 머릿속은 아이디어로 가득 차 있었고, 그것들을 더 깊이 탐구하고 정리할 수 있는 여유로운 시간이 간절했다.

방학이 되면 갈릴레오는 늘 가족이 있는 피사로 돌아가곤 했고, 그곳에서 토스카나 대공의 가문과 자연스럽게 교류하게 되었다. 젊은 코시모 데 메디치는 실제로 그의 제자가 되었으며, 성인이 된 후에도 그 철학자에 대해 극히 높은 평가를 품고 있었다. 이 젊은이는 이제 코시모 2세(Cosimo II de' Meddci 1590~1621)로 즉위하였고, 갈릴레오는 그에게 편지를 써서, 더 많은 시간과 여유가 주어진다면 자신이 얼마나 많은 발견을 해낼 수 있을지를 설명하고, 기초 교육에 대부분의 시간을 소비하지 않으면서도 합당한 수입을 얻을 수 있는 자리가 있었으면 한다는 뜻, 곧 사실상 궁정 내 어떤 직책으로 옮겨가고 싶다는 의사를 밝혔다.

처음에는 아무런 조치가 없었지만 협의는 이어졌고, 곧 목성의 위성들이 발견된 직후, 코시모는 후한 제안을 담은 편지를 보내왔다. 갈릴레오는 이를 기꺼이 받아들였고, 열정적으로 파두아를 떠나 피렌체로 이주했다. 그의 이후 모든 주요 발견은 피렌체에서 이루어진 것이다.

이렇게 해서 파두아 대학 교수로서의 갈릴레오의 눈부시고 행복했던 경력은 막을 내렸다. 그는 좋은 대우를 받았다. 그의 급료는 당시까지 수학 교수에게 지급된 것 중 가장 높은 수준이었고, 잘 알려져 있듯, 그가 망원경을 발명하자 열광한 베네치아 원로원은 급료를 두 배로 올려주었을 뿐 아니라, 그가 어디에 있든 평생 보장해주기까지 했다. 그럼에도 불구하고 이듬해에 교수직을 그만두고 자리를 떠난 것은 그리 명예로운 행동은 아니었던 것 같다. 물론 법적으로는 아무 문제 없었고, 위대한 인물을 평범한 사람이 쉽게 비판할 수는 없지만, 그럼에도 불구하고 우리는 그 결정이 고귀한 명예의식을 가진 사람이라면 쉽게 내리지 않았을 선택이었다는 점을 인정해야 할 것이다.

그 유혹은 충분히 이해되고 또 공감이 간다. 그가 바란 것은 금전적 보상이 아니라 여유였다. 끊임없는 강의와 번잡한 업무에서 벗어나 방해받지 않고 밤낮으로 연구에 몰두할 수 있는 자유, 그것이 그 앞에 펼쳐진 황금빛 전망이었다. 그는 그 유혹에 굴복했고, 그 선택이 없었더라면 좋았을 것이라는 아쉬움을 떨치기 어렵다. 결과적으로 그것은 그의 공적 삶에서 처음으로 잘못 내디딘 발걸음이었고, 일단 그렇게 되고 나서는 되돌릴 수 없는 일이 되었다. 그리고 그것은 큰 불행으로 이어졌다.

처음에는 모든 것이 대단히 찬란해 보였다. 토스카나 공국의 위대한 철학자는 왕족과 귀족들의 환대를 받았고, 전 세계적인 명성을 누렸으며, 원한다면 사치스럽게도 살 수 있었고, 시간은 전적으로 자신의 것이었으며, 강의는 극히 드물게, 대개는 특별한 행사나 몇몇 군주 앞에서만 했다. 그의 처지는 사실상, 자신의 섬에서 활동했던 티코 브라헤와 유사했다.

두 사람 모두 불행을 겪게 되었다. 티코의 경우는 주로 그의 후원자가 사망한 데에서 비롯되었고, 갈릴레오의 경우는 훨씬 더 교묘한 원인 때문이었다. 그 원인을 제대로 이해하려면 당시 이탈리아의 정치적 분열 상태를 기억해야 한다.

토스카나는 교황령에 속한 지역으로, 사상의 자유가 결코 보장되지 않았고, 베네치아는 자유로운 공화국으로, 교황청과는 오히려 적대적인 관계였다. 1606년 교황이 베네치아를 파문하자, 베네치아는 그에 대한 응답으로 모든 예수회를 추방했다.

갈릴레오는 비교적 계몽되고 자유로운 분위기를 뒤로 하고, 중세적 사고와 미신이 뒤엉킨 온상으로 스스로 들어갔다. 파두아와 베네치아의 친구들은 깊이 아쉬워했고, 그의 결정을 두고 거듭 항의하며 만류했다. 그러나 갈릴레오는 결심을 굽히지 않았고, 결국 몇몇 옛 친구들을 적으로 돌리면서까지 피렌체로 떠났다.

이토록 위대한 인물이 이처럼 큰 실수를 저지른 일은 드물고, 그 실수로 인해 이토록 가혹한 대가를 치른 일은 아마 전례가 없을 것이다.

하지만 우리가 기억해야 할 점은, 갈릴레오는 결코 성인군자는 아니었지만 진심으로 신앙심 깊은 인물이었으며, 독실한 가톨릭 신자로서 충실한 교회의 신봉자였다는 사실이다. 그러니 그가 기꺼이 교회의 권위 아래로 들어가려 한 것도 무리는 아니었다. 게다가 토스카나 출신으로, 그의 가족은 피렌체나 피사에서 오랫동안 살아왔기에, 그곳으로 돌아가는 일은 마치 고향으로 돌아가는 듯한 감정이 따랐다.

신학적 태도 또한 주목할 만하다. 그는 결코 회의주의자가 아니었다. 성경의 권위를 전적으로 인정했고, 특히 신앙과 도덕에 관련된 문제에서는 그 권위를 의심하지 않았다. 다만 과학적 사실에 대한 성경의 진술에 대해서는 우리가 그 의미를 오해하기 쉬우므로, 과학적 진실은 자연을 관찰함으로써 확인하는 것이 더 정확하다고 주장했다. 그리고 만약 직접적인 관찰 결과와 성경의 문구가 충돌할 경우, 그것은 우리가 어느 쪽이든 혹은 양쪽 모두를 잘못 해석한 탓이라고 보았다. 다시 말해, 그는 오늘날 우리가 말하는 '조화론자'였다.

이처럼 신앙심 깊은 인물이 이단 혐의로 기소되었다는 사실은 참으로 아이러니하다. 오늘날 그의 견해는 가장 정통한 사람들조차 의심 없이 받아들이는 것인데 말이다. 하지만 이런 일은 언제나 그런 식이었다. 한 세대의 이단은 다음 세대의 상식이 된다.

예를 들어, 그는 여호수아의 기적도 시적인 표현이 아닌 문자 그대로의 사실로 받아들였다. 그리고 이것이 코페르니쿠스 체계에서는 훨씬 더 간단하게 설명될 수 있다고 지적했다. 즉, 지구의 자전을 잠시 멈추는 편이, 옛 프톨레마이오스 체계에서처럼 태양과 달은 물론 하늘의 모든 천체를 멈추는 것보다 훨씬 간단하다는 것이다. 또는 태양만 멈추고 나머지 천체는 그대로 두는 방식 역시 천문학 전체를 뒤틀어버리는 결과가 되기 때문에 옳지 않다는 것이다. 우리에게는 이 말이 마치 풍자처럼 읽히지만, 갈릴레오 자신은 진심으로 그렇게 믿었음에 틀림없다.

하지만 갈릴레오의 이러한 성경 해석 시도는 종교 당국을 더욱 분노하게 만들었다. 그들은 이렇게 말했다.

'이 이단자가 오래된 과학적 믿음을 뒤엎고, 자신의 불신앙적인 발견으로 자연의 얼굴을 망치는 것만으로도 해롭지만, 적어도 성경만큼은 건드리지 말았어야 했다.'

이에 따라 성직자들은 성경을 무지한 평신도의 손에서 보호해달라고 로마에 격앙된 항의문을 보냈다.

이처럼 갈릴레오가 어디로 눈을 돌리든 적대감에 부딪혔다. 물론 많은 친구들이 있었고, 그중에는 코시모처럼 권세 있는 이들도 있었으며, 모두 진실하고 충직한 이들이었다. 하지만 로마의 권력 앞에서 그들이 무엇을 할 수 있었겠는가? 코시모조차 감히 항의하는 것 이상은 하지 못했고, 결국 그의 후계자는 그것마저도 삼가야 했다. 그 시대의 통치자들이 얼마나 굴레에 얽매이고 억눌려 있었는지를 보여주는 일이다. 그렇게 갈릴레오가 시련의 때를 맞았을 때, 그는 적들 한가운데서 완전히 고립되고 무력한 상태로 서 있어야만 했다.

여러분은 왜 갈릴레오라는 인물이 다른 이들보다 훨씬 더 큰 적대감을 불러일으켰는지 의아해할지도 모르겠다. 당시에도 갈릴레오와 비슷한 사상을 믿고 가르쳤음에도 별다른 탄압을 받지 않은 사람들이 있었기 때문이다. 하지만 갈릴레오만큼 눈부시고도 충격적인 발견을 한 사람은 없었다. 기독교 세계 전체의 시선이 집중된 가운데, 그는 새로운 학설의 가장 두드러진 옹호자였고, 그 어떤 이보다 그것들을 명확하고 강력하게 주장했으며, 생생하고 설득력 있는 예시들을 통해 사람들에게 깊은 인상을 남겼다.

게다가 피사에서의 초기 논쟁에 대한 기억도 있었다. 그는 아리스토텔레스학파의 터무니없는 주장들을 조소하며 성공적으로 반박했는데, 이 일은 철학자이자 사제라는 이중의 정체성을 가진 예수회 소속 아리스토텔레스주의자들에게 특히 눈엣가시가 되었다. 그 결과, 그들은 갈릴레오를 공식적으로 끈질기게 탄압할 대상으로 지목했다.

그러나 아직까지 그들로 인해 갈릴레오가 직접적인 곤란을 겪고 있는 것은 아니었다. 로마의 주요 인물들은 아직 본격적으로 움직이지 않았다. 하지만 갈릴레오가 지구가 움직인다는 코페르니쿠스의 학설을 고집스럽게 전파하며 해악을 끼치고 있다는 내용의 보고가 토스카나에서 로마로 계속 올라가고 있었다.

마침내 1615년, 교황 바오로 5세는 갈릴레오에게 로마로 와 자신의 견해를 설명하라고 요구했다. 갈릴레오는 로마로 향했고, 환대받았다. 그는 높은 지위에 있었던 교양 있는 인물 바르베리노 추기경과 특별한 우정을 맺었는데, 이 인물은 실제로 다음 교황이 되었다.

갈릴레오는 추기경들과 다른 사람들에게 자신의 망원경을 보여주었고, 그것을 들여다보려는 이들에게 목성의 위성과 다른 발견들을 보여주었다. 그는 대단히 성공적인 방문을 했다. 그는 대화하고, 열변을 토하면서, 열다섯에서 스무 명의 논쟁자들 사이에서도 자신의 주장을 펼치며, 반대자들을 당황하게 하고 부끄러움에 빠뜨렸다.

그의 방식은 반대되는 주장이 가능한 한 충분히, 완전하게 진술되도록 하는 것이었다. 그는 스스로도 그렇게 되도록 도왔고, 자신의 견해에 반하는 가장 강력하고 그럴듯한 주장들을 종종 직접 제시하기도 했다. 모든 논거가 충분히 제시된 뒤에야 그는 그 전제를 완전히 무너뜨리고, 진리를 드러내어 정직한 정신을 지닌 이들을 설득했다.

바로 이 관습이 그를 그토록 막강한 논쟁 상대로 만든 것이었다. 결코 반대 논거를 회피하지 않았고, 무시하거나 말장난으로 얼버무리지도 않았다. 오히려 모든 반대 주장을 기꺼이 마주했고, 그것들을 무너뜨려야 할 적으로 즐겼으며, 그 주장이 강력할수록 더욱 반겼다.

그는 그런 주장들을 잘 알고 있었고, 스스로도 여러 가지 주장을 만들어냈으며, 마음만 먹으면 아리스토텔레스주의자 누구와도 그들의 논리 안에서 논쟁을 벌여 이길 수 있었다. 이렇게 그는 거의 소크라테스처럼, 상대를 점점 이끌어 들어가다가 결국엔 돌이킬 수 없는 패배를 안겨주었다.

로마에서, 가톨릭 세계의 중심지에서 벌어진 일이었다. 그가 세상사에 능숙한 사람이었다면, 아마 조용히, 눈에 띄지 않게 지내다가 떠날 허가를 받았을 것이다. 하지만 자신을 새로운 학설의 사도로 여겼고, 세상의 중심이자 교회의 중심인 이곳에서 그것을 전파하는 것을 자신의 사명이라 여겼다.

그는 교황과 한 시간 가량 대화를 나누었고, 두 사람은 서로에 대해 만족하며 좋은 분위기 속에서 헤어졌다. 갈릴레오는 이제 모든 것이 잘 해결되었고, 원한다면 언제든지 집으로 돌아갈 수 있을 것 같다고 썼다. 그러나 한편에서는 코페르니쿠스의 전 체계가 불경하고 이단적인 것으로 정죄되어야 한다는 논의가 본격적으로 제기되기 시작했다.

이 견해는 교황과 추기경단에게 끊임없이 주입되었고, 곧 그에 대한 결정이 내려질 참이었다.

갈릴레오가 교회에 대한 충성심을 저버린 인물이었다면, 어떻게든 그들 스스로를 우습게 만드는 것을 내버려두고 그냥 떠났을 수도 있었을 것이다. 그러나 그는 그 결과에 커다란 관심을 갖고 있었고, 그래서 머물렀다. 그는 이렇게 썼다.

"내 개인의 명예를 회복하는 일만 생각한다면 당장이라도 귀국할 수 있습니다. 하지만 이 새로운 문제는 지난 80년 동안 공공연히 또는 사적으로 그 의견을 지지해온 모든 이들과 마찬가지로 저에게도 해당되는 것이기에, 또한 제가 전문으로 하는 과학을 통해 입증된 진리에 관한 논의에서 제 지식이 혹여 도움이 될 수 있다면, 저는 열정적인 가톨릭 신자로서, 제 지식이 제공할 수 있는 도움을 기꺼이 내놓아야 하고, 또 그래야만 한다고 생각합니다. 이 일로 저는 꽤 바쁘게 지내고 있습니다."

그의 체류가 오히려 가슴 깊이 품고 있던 대의에 가장 해로운 일이었을지도 모른다. 어쨌든 그 결과는, 코페르니쿠스의 체계가 공식적으로 정죄되었고, 코페르니쿠스의 저서와 이를 요약한 케플러의 저작 모두 금서목록에 오르게 되었다는 것이다. 그리고 갈릴레오는 지구의 운동을 믿거나 가르치는 일이 금지된다는 공식 명령을 받았다.

그는 불쾌한 마음으로 로마를 떠났고, 그 분노는 머지않아 풍자의 형태로 드러났다. 이제는 자신이 품은 견해들을 안전하게 이야기하려면 그것들을 가설적이며 불확실한 것처럼 다루는 수밖에 없었고, 실제로 그가 조수(潮水)에 관한 책의 헌정본을 대공 레오폴드에게 보내며 이렇게 쓴 기록이 남아 있다.

"이 이론은 제가 로마에 머무르고 있을 때 떠올랐습니다. 그 무렵 신학자들은 코페르니쿠스의 저서와 그 안에 담긴 '지구의 운동'이라는 견해를 금지할지에 대해 논의 중이었고, 당시 저는 그 견해를 믿고 있었습니다. 하지만 마침내 그분들께서 해당 책을 금지하고, 그 견해는 거짓이며 성경에 어긋난다고 선언하시자, 저는 제 위에 계신 분들의 판단이 제 지성의 나약함이 닿을 수 없는 더 깊은 통찰에서 비롯된 것임을 알고, 당연히 복종하고 믿는 것이 마땅하다는 사실을 인식하게 되었습니다.

그래서 지금 제가 폐하께 드리는 이 이론은 지구의 운동을 바탕으로 한 것이긴 하나, 이제는 허구이자 꿈으로 여겨주시기를 바랍니다. 그러나 시인들이 종종 자기 상상의 산물을 아끼게 되는 것처럼, 저 역시 이 어리석은 생각에 약간의 애정을 갖고 있습니다. 사실 이 짧은 글을 구상하던 무렵에는, 코페르니쿠스가 80년이 지난 지금까지도 오류를 범했다고는 믿기 어려웠기에 이 이론을 더 넓게 전개하고 다듬을 계획이었습니다. 그러나 하늘에서 들려온 목소리가 갑자기 저를 깨우고는, 제 혼란스럽고 엉킨 생각들을 단번에 무너뜨렸습니다."

만약 활자로 인쇄되어 널리 퍼졌다면 이런 반어적 표현은 꽤 위험했을 것이다. 다행히도 개인적인 편지에 담긴 내용이었기에 무사할 수 있었지만, 이 편지는 갈릴레오의 진짜 속마음을 잘 보여준다.

그 후 한동안 그는 비교적 조용히 지낼 수 있었다. 이제 그는 나이가 제법 든 상태였고, 대부분의 시간을 학문에 몰두하며 보냈다. 피렌체에 있는 자택과, 도시에서 조금 떨어진 아르체트리의 별장에서 지내며 학문 연구에 전념했다.

그곳에는 수녀원이 하나 있었고, 그의 두 딸이 그곳에서 수녀로 생활하고 있었다. 그중 한 사람은 마리아 첼레스트Maria Celeste 수녀라는 이름으로 알려져 있으며, 상당한 재능을 지닌 여성이었던 것으로 보인다. 분명한 것은 그녀가 매우 다정한 성품을 지녔고, 아버지를 지극한 정성으로 사랑하고 존경했다는 사실이다.

이 시기는 그에게 비교적 평온한 시절이었으며, 때때로 찾아오는 병치레와 심한 류머티즘 통증만이 그 평화를 해쳤다. 이 조용한 시절의 자잘한 일화들도 여러 가지 전해진다. 예를 들어, 수녀원의 시계가 멈췄을 때 갈릴레오가 그것을 고쳐주었고,

그는 늘 무언가를 도와주거나 원장 수녀와 두 딸에게 작은 선물들을 보내곤 했다.

그는 이제 정수 역학(靜水力學) 문제와 천문학과는 직접 관련 없는 여러 주제에 몰두하고 있었는데, 이는 매우 흥미롭고 통찰력 있는 작업이지만 이 자리에서는 생략할 수밖에 없을 만큼 방대한 작업이었다. 그러던 중 1623년에 교황이 선종하고 새로운 교황으로 바르베리노 추기경이 우르바노 8세(Urbanus VIII 1568~1644)로 선출되었다. 그는 상당히 계몽적인 인물이었으며 갈릴레오와도 개인적인 친분이 있었기 때문에, 갈릴레오와 그의 두 딸은 크게 기뻐하며 모든 일이 잘 풀리고, 금지령도 철회될 것이라 기대했다.

교황 선출 이듬해, 갈릴레오는 친구의 교황 즉위를 축하하기 위해 다시 한번 로마로 향하는 데 성공했다. 그는 우르바노 교황과 여러 차례 대화를 나누었고, 그에게 매우 유쾌한 인상을 주었다. 우르바노는 갈릴레오에 대해 다음과 같은 편지를 코지모의 아들인 페르디난도 대공에게 보냈다.

"우리는 그에게서 문학적 식견뿐만 아니라 신앙심에 대한 사랑도 발견하며, 이는 교황의 호의를 얻는 데 쉽게 이르는 자질들이라 여깁니다. 이제 그가 우리의 즉위를 축하하기 위해 이 도시에 도착했을 때, 우리는 그를 진심으로 환영하였으며, 그가 당신의 관대함에 의해 다시 시골로 돌아가려 할 때에도, 우리는 교황의 애정을 가득 담아 그를 떠나보낼 수밖에 없음을 아쉽게 여깁니다. 그가 우리에게 얼마나 소중한 인물인지를 알리기 위해, 그에게 덕성과 경건함에 대한 이 영예로운 추천장을 수여하고자 합니다. 또한 당신께서 그에게 베푸는 모든 혜택은, 당신의 부친의 관대함을 모방하든 능가하든, 우리에게 크나큰 기쁨이 될 것임을 덧붙입니다."

이러한 찬사를 통해 용기를 얻고, 반쯤 드러난 적들이 자신의 명성을 깎아내리려는 가운데서도 교황의 개인적인 호의에 지나치게 의존한 갈릴레오는, 피렌체로 돌아온 뒤 자신의 가장 문학적으로 뛰어나고 대중적인 저작인 《프톨레마이오스 체계와 코페르니쿠스 체계에 관한 대화》의 집필에 착수했다.

이 책은 세 인물 사이의 네 차례 대화 형식을 띠고 있다. 살비아티는 코페르니쿠스적 철학자를, 사그레도는 박식하고 비판적인 재치 있는 인물로 특별히 학문에 조예가 깊지는 않지만 대화를 경쾌하게 만드는 역할을 하며, 심플리치오는 아리스토텔레스 철학자로서 당시 대다수 사람들이 논리 대신 사용하던 상투적 궤변들을 대변한다.

이 대화들은 플라톤의 《대화편》과 아서 헬프스 경의 《친구들과의 상담》 사이의 어딘가에 위치한 형식이다. 전체적인 논의는 매우 온화하고 공정하게 진행되며, 신중하게도 명확한 결론에 이르지는 않는다. 마치 마지막 결정을 위한 다섯 번째 대화가 남겨져 있는 것처럼, 모든 논점은 유보된 채로 끝난다. 이 다섯 번째 대화는 실제로 작성되지 않았고, 어쩌면 책이 호의적으로 받아들여졌을 경우를 대비한 하나의 암시였을 뿐이었을지도 모른다.

또한 서문에서는 저자의 목적이 로마 칙령이 코페르니쿠스 학설을 금지한 것이 사실을 몰라서가 아니라는 점을 보여주는 데 있다고 밝히고 있다. 이는 악의적으로 퍼진 소문을 반박하려는 것이었다.

그는 코페르니쿠스 학설이 순전히 수학적 가설 혹은 이론적인 공상으로 다루어진다고 말하며, 이 학설이 가능한 한 최대한의 인위적인 이점을 갖도록 설정되었다고 밝히고 있다.

이러한 조심스러운 포장이 추기경들의 눈을 가리기에는 역부족이었다. 그 책에는 지구의 운동을 지지하는 논거들이 너무도 설득력 있고 반박할 수 없게 제시되어 있었고, 또 대중적으로도 쉽게 이해되도록 설명되어 있었기 때문에, 그가 그동안 말하고 쓴 모든 것보다도 몇 년 사이에 구체제를 무너뜨리는 데 훨씬 더 큰 영향을 끼쳤기 때문이다. 그는 이 책을 쓴 후 2년 동안 인쇄 허가를 얻지 못했고, 결국 인쇄 허가를 받게 된 것도 검열관이 원고를 제대로 읽지 않고 허술하게 넘긴 덕분이었다. 그 검열관은 나중에 해임되었다.

그러나 책은 결국 출간되었고, 사람들은 그것을 열심히 읽었다. 어쩌면 교회가 곧바로 이를 억누르려 한 덕분에 더 열심히 읽었는지도 모른다. 아리스토텔레스주의자들은 격분하여 교황에게, 그 책 속의 심플리치오 — 다른 두 인물에게 번갈아가며 반박당하고 조롱당한 끝에 무력한 상태에 이르는 철학자 — 가 바로 교황 자신을 겨냥한 인물이라고 주장했다.

갈릴레오가 친구이자 후원자인 교황을 조롱했다는 주장은 분명히 근거 없는 모욕적 중상이다. 교황 우르바노가 그것을 믿었는지는 알 수 없지만, 그 이후로 갈릴레오를 향한 그의 태도가 달라진 것은 분명하다. 추기경들의 압력 때문이었는지, 아니면 다른 동기가 있었는지는 알 수 없으나, 갈릴레오에 대한 그의 호의는 완전히 거두어졌다.

병약한 노인은 즉시 로마로 소환되었다. 그의 친구들은 그의 나이 — 이미 일흔이었다 — 와 건강 상태, 계절과 도로 사정, 그리고 흑사병으로 인한 검역 상황 등을 들어 탄원했지만 아무 소용이 없었다. 그는 반드시 로마로 가야 했고, 마침내 2월 14일에 도착했다.

아르체트리에 있던 그의 딸은 절망에 빠졌다. 아버지에 대한 걱정과 자발적으로 감행한 금식과 고행으로 그녀의 건강은 심각하게 악화되었다.

  로마에서 갈릴레오는 감옥에 갇히지는 않았지만 외출을 삼가고 될 수 있는 대로 모습을 드러내지 말라는 지시를 받았다. 그래도 감옥 대신 토스카나 대사의 저택에 머무르는 것이 허락되었다.

  4월이 되자 종교재판소의 관저로 옮겨졌고, 여러 차례 심문을 받았다. 그러나 이곳에서의 심한 긴장으로 건강은 심각하게 악화되기 시작했고, 결국 얼마 지나지 않아 다시 대사의 집으로 돌아갈 수 있도록 허락되었다. 이후 청원이 받아들여져 반쯤 덮인 마차를 타고 공공 정원에서 산책하는 것도 허용되었다. 종교재판소는 가능한 한 관대하게 그를 대했다. 갈릴레오는 이제 그들의 죄수였으며, 그들은 그를 얼마든지 다른 사람들처럼 지하 감옥에 가둘 수도 있었다. 그럼에도 그렇게까지 잔혹하게 다루지는 않았다. 그 배경에는 교황의 오랜 우정이 있었을지도 모르고, 그의 고령과 쇠약한 건강이 고려되었을 수도 있다.

  그럼에도 불구하고, 종교재판소는 자신들의 규정을 따를 수밖에 없었다. 갈릴레오는 반드시 자신의 이단적 견해를 철회하고 이를 공개적으로 부인해야 했고, 필요하다면 고문도 가해질 수 있었다. 갈릴레오는 이 사실을 잘 알고 있었고, 그의 딸도 마찬가지였다. 그녀의 불안과 괴로움은 짐작하고도 남는다. 더욱이, 이들은 실제로 이단자가 아니었다. 로마 교회를 미워하거나 멸시한 것도 아니었다. 오히려 그들은 교회를 진심으로 사랑하고 존경했으며, 신앙심 깊은 신자들이었다. 갈릴레오가 교회 고위 성직자들과 다른 견해를 가졌던 것은 몇 가지 과학적 사안에 국한된 일이었고, 그런 견해차가 그에게는 진정한 고통이었다. 그의 간절한 바람은 그들도 언젠가 자신의 생각을 받아들이고, 진리를 포용해 주는 것이었다.

갈릴레오는 종교재판소로부터 호출을 받을 때마다 자신의 견해를 철회하지 않으면 고문을 당할 위험에 처해 있었다. 그의 친구들은 모두 굴복할 것을 거듭해서 권했다. 저항은 절망적이며 치명적인 결과를 낳을 뿐이라고 했다. 아직 젊은이들의 기억 속에도 남아 있는 조르다노 브루노의 화형이 그와 비슷한 이단 때문이었다.

그 일이 벌어진 것은 갈릴레오가 파도바에 머물던 시기였고, 당시 베네치아는 온통 그 일로 술렁였다. 그리고 그 이후에도, 단지 여덟 해 전, 살페트리아의 대주교였던 안토니오 데 도미니스(Antonio de Dominis 1560~1624 : 크로아티아 출신의 대주교, 과학자) 역시 같은 운명을 선고받았다. '피를 흘리지 않는 선에서 가능한 한 자비롭게 세속 권력에 넘긴다.' 이 무시무시한 공식 문구는 곧 화형 선고였다. 선고가 내려진 뒤, 이 불운한 사람은 6년간 감금되었던 지하 감옥에서 결국 '자연사'했고, 고문으로 인한 죽음으로 보아야 할 그 죽음 이후에도, 그의 시신과 그의 저술은 여전히 형을 집행당했다. 자신이 목숨을 걸고 지키려 했던 그 저술들이 었다.

이러한 것이 바로 종교재판소가 말하던 자비였다. 그들의 그 럴듯하고 자비롭게 들리는 표현들 속에는 이런 의미가 숨어 있 었다. 예를 들어, 그들이 '엄격한 심문'이라고 부르는 것은, 우리 가 보기엔 '고문'이었다. 하지만 이처럼 죄수에게 원하는 대답을 강요하는 방식에 대해 우리가 오늘날 느끼는 공포와는 별개로, 그들이 당시 정식으로 설립된 재판기관이었음을 기억할 필요도 있다. 그들은 분노나 충동이 아닌, 당시 널리 통용되던 규칙에 따라 행동했고, 고문 역시 그 시기의 법적 절차 내에서, 교회 법 정뿐 아니라 세속 법정에서도 증거를 얻기 위한 정식 수단으로 인정받고 있었다.

하지만 이러한 모든 것은 가엾은 노철학자에게 큰 위안이 되 지 못했다. 그는 그렇게 가차 없이 끌려다니며, 질문과 위협을 반복적으로 받았고, 매주 딸로부터 고통스러운 편지를 받으며, 조금이라도 기운을 내어 행복하고 희망적으로 답장을 쓰려고 애썼다.

이 상태는 계속될 수 없었다. 2월부터 6월까지의 긴장감은 지 속되었다. 6월 20일, 그는 다시 불려갔고, 다음 날 철저한 심문 을 받게 될 것이라는 통보를 받았다. 21일 아침 일찍 그는 그곳 으로 갔고, 문들은 닫혔다. 그 끔찍한 방에서 그는 24일까지 다시 나타나지 않았다. 그동안 어떤 일이 일어났는지는 아무도 알지 못한다. 그 자신도 비밀을 지켜야 했다. 외부인은 아무도 참석하지 않았다. 종교재판소의 기록은 철저히 보호되고 있다.

그가 법적으로 고문을 받았다는 것은 확실하다. 실제로 고문대에서 고문을 받았는지에 대해서는 논란이 있다. 특히 독일에서 이 문제에 많은 학문적 관심이 쏟아졌다. 여러 저명한 학자들은 그가 실제로 고문을 받았다는 사실이 의심할 여지없이 확실하다고 주장하며, 그는 이후 고통을 겪게 된 탈장 증세로 이를 입증한다고 한다.

하지만 다른 학자들은 마지막 단계까지 이르지 않았다고 부인한다. 종교재판소의 규칙에 따르면, 고문에는 다섯 가지 단계가 명확히 정해져 있으며, 철저한 심문을 진행하면서 각 단계에서 철회할 기회를 제공한다. 이때마다 발언이나 신음, 한숨까지도 철저히 기록된다. 이렇게 철회된 내용은 보통 하루나 이틀 뒤에 다시 확인되며, 만약 이를 확인하지 않으면 똑같은 고문을 다시 겪게 된다.

그 다섯 단계는 다음과 같다.

1단계, 법정에서의 공식적인 위협. 2단계, 고문실 문 앞까지 끌려가며 공식적인 위협이 다시 주어짐. 3단계, 고문실 안으로 끌려가서 고문 도구들을 보여줌. 4단계, 옷을 벗기고 고문대에 묶는 과정. 5단계, 실제 고문.

갈릴레오가 이 끔찍한 과정 중에서 몇 단계를 거쳤는지는 알 수 없다. 나는 그가 마지막 단계는 겪지 않았기를 바란다. 일부 사람들은 그가 더 버텼다면 주어진 순교의 왕관을 받아들였어야 했다고 한탄한다. 만약 그가 그렇게 했다면 그의 운명은 이미 알려져 있다. 몇 년간 지하 감옥에서 고통을 겪고, 그 후에는 화형을 당했을 것이다.

그가 무엇을 해야 했는지는 알 수 없지만, 그는 결국 버티지 못했다. 그는 굴복했다. 그 끔찍한 고문 중 어느 순간에 그는 이렇게 말했다. "저는 당신들의 손에 있습니다. 당신들이 원하는 대로 말하겠습니다." 그러자 그는 특별한 위증서가 작성되는 동안, 감옥으로 옮겨졌다.

다음 날, 회개자로 옷을 입고, 존경받는 노인은 심판을 받기 위해 추기경들과 고위 성직자들이 모인 미네르바 수도원으로 끌려갔다.

내가 갖고 있는 판결문의 전문은 너무 길어 여기서 읽을 수는 없지만, 그 요지는 다음과 같다.

첫째, 갈릴레오에게 철회의 선언을 강요하고, 둘째, 종신형을 선고하며, 셋째, 매주 참회의 시편 일곱 편을 외우도록 명한 것이다.

열 명의 추기경이 이 자리에 있었으나, 명예롭게도 그 중 세명은 서명을 거부했다. 그리하여 이 불관용과 편협한 어리석음의 신성모독적인 기록은 세월을 넘어 전해져 내려오며, 일곱 명의 추기경의 이름은 불명예스럽게 영원히 기록 속에 남게 되었다. 이 판결문이 낭독된 후, 갈릴레오는 미리 작성된 철회 선언문을 한 단어씩 읽어야 했고, 서명해야 했다.

갈릴레오의 철회 선언문

"나, 갈릴레오 갈릴레이는 피렌체 출신 고(故) 빈센조 갈릴레이의 아들로서, 나이 일흔에 이르러, 이단적 타락에 맞선 보편 그리스도교 공화국의 일반 종교재판관이신 가장 고귀하고 가장 존경할 만한 추기경님들 앞에 직접 출두하여 무릎 꿇고, 내 눈앞에 있는 성스러운 복음서를 손으로 만지며 맹세하노니, 나는 지금까지 항상 믿어 왔고, 지금도 믿으며, 하느님의 도우심을 받아 앞으로도 믿을 것을 맹세하나이다. 곧, 로마의 거룩하고 보편된 사도 교회가 지니고 가르치며 설교하는 모든 교의를 믿고 따를 것을 맹세하나이다.

하지만 나는 이 거룩한 심문소로부터 태양이 우주의 중심이며 움직이지 않는다는 그릇된 의견을 완전히 버리라는 명령을 받았으며, 그 잘못된 교리를 어떤 방식으로든 지지하거나 옹호하거나 가르치는 것이 금지되었으며, 그 교리가 거룩한 성경에 어긋난다는 통보를 받은 바 있음에도 불구하고, 그 동일한 교리를 다룬 책을 집필하고 인쇄하였으며, 그 속에서 이 책이 지금 정죄받은 교리를 다루고 있고, 이에 대해 강력한 논거들을 제시하면서도 아무런 반박을 제시하지 않았기에, 이단에 심히 물든 혐의를 받게 되었나이다.

곧, 나는 태양이 우주의 중심이며 움직이지 않고, 지구는 중심이 아니며 움직인다고 믿고 주장했음을 고백하나이다. 그러므로 지극히 거룩하신 추기경님들과 모든 가톨릭 신자들의 마음속에서 나에 대한 이 정당한 강한 의혹을 없애기 위하여, 나는 진실한 마음과 거짓 없는 믿음으로 그릇된 신념들과 이단들 그리고 일반적으로 거룩한 교회에 반하는 모든 다른 오류와 분파들을 부인하고, 저주하고, 혐오하나이다. 또한 나는 앞으로는 구두로나 문서로나, 나에 대해 유사한 의혹을 야기할 수 있는 어떤 말이나 주장도 절대 하지 않을 것을 맹세하나이다.

만일 내가 이단자나 이단의 의심을 받는 자를 알게 된다면, 반드시 이 거룩한 심문소나, 내가 있는 장소의 심문관 혹은 주교에게 고발할 것을 맹세하나이다. 또한 이 거룩한 심문소에 의해 나에게 이미 부과되었거나 앞으로 부과될 모든 보속(補贖)을 완전히 이행하고 준수할 것을 맹세하고 서약하나이다.

그러나 만일 내가 위에서 맹세하고 서약하고 선언한 바를 어기는 일이 생긴다면 (그러한 일이 없기를 하느님께 기도하나이다), 나는 이와 같은 범죄자들에게 성스러운 교회법과 기타 일반 및 개별 규범에 의해 선포되고 공표된 모든 형벌과 처벌을 받게 될 것임을 스스로 인정하나이다. 하느님과, 내가 손으로 만지고 있는 그분의 거룩한 복음이여, 나를 도우소서.

나, 위에 언급된 갈릴레오 갈릴레이는 위에서 서술된 대로 이단을 철회하고, 맹세하고, 서약하고, 스스로에게 의무를 부과하였으며, 이를 증명하기 위하여 나 자신의 손으로 이 철회문에 서명하였나이다. 본인은 이 철회문을 한 단어도 빠뜨리지 않고 낭독하였으며, 이 서면은 바로 그 낭독한 바입니다."

— 1633년 6월 22일, 로마 미네르바 수도원에서
나, 갈릴레오 갈릴레이, 위와 같이 나 자신의 손으로 철회하였노라.

무릎을 꿇고 있던 그가 일어서며 친구에게 '그래도 지구는 돈다(e pur si muove)'라고 중얼거렸다는 이야기를 믿는 이들은, 그 장면의 실상을 제대로 이해하지 못하는 것이다.

첫째, 그 자리에 친구란 없었다.

둘째, 그런 청중 앞에서 무언가를 중얼거리는 일은 치명적으로 위험한 일이었을 것이다.

셋째, 그때의 그는 이미 완전히 꺾이고 수치를 당한 노인이었고, 무엇보다도 사람들의 시선에서 벗어나 자신과 자신의 고통을 숨기고 싶어 하는 처지였다. 아마도 오랜 정신적 고통으로 감각이 무뎌지고, 생각할 힘도, 무언가를 아끼거나 신경 쓸 의지도 남아 있지 않았을 것이다. 어쩌면 딸을 제외하고는, 이 비참한 지구의 운동 따위에는 전혀 관심도 남지 않았을지 모른다.

그의 철회 소식은 순식간에 널리 퍼져나갔다. 철회문 사본은 즉시 모든 대학에 보내졌고, 교수들에게는 이를 공개적으로 낭독하라는 지시가 내려졌다. 그의 고향 피렌체에서는 대성당에서 낭독되었고, 친구들과 지지자들은 특별히 불려와 그 낭독을 듣게 되었다.

그는 잠시 더 로마에 구금되어 있었지만, 마침내 떠날 수 있도록 허락받았고, 다시는 자의로 그곳에 돌아가지 않았다. 시에나로 가는 것이 허락되었고, 그의 딸은 위로의 편지를 보내 석방을 기뻐했고, 그를 대신해 참회시편을 기꺼이 낭송하고 있으니, 그 형벌 중 일부는 자신이 덜어주었다고 전했다.

그러나 그 불쌍한 딸은 이미 병을 앓고 있었고, 오랜 불안과 공포로 완전히 지쳐 있었다. 그녀는 사실상 죽음의 자리에 누워 있었던 것이다. 그녀의 오직 하나뿐인 소원은, 사랑하고 존경하는 아버지를 한 번만이라도 다시 보는 것이었다. 그 소원은 이루어졌다. 로마의 명령으로 그의 유배지는 시에나에서 아르체트리로 바뀌었고, 아버지와 딸은 다시 한 번 서로를 안아볼 수 있었다. 그리고 그로부터 엿새 뒤, 그녀는 세상을 떠났다.

비탄에 잠긴 노인은 이제 피렌체로 거처를 옮기게 해달라고 요청하지만, 돌아온 대답은 단호했다. 그는 아르체트리에 머물러야 하며, 집 밖으로 나갈 수 없고, 방문객도 받아서는 안 되며, 만약 더 많은 특혜를 요청하거나 부과된 명령을 어기면, 다시 로마로 끌려가 감옥에 갇힐 수도 있다는 것이었다. 이러한 가혹한 조치는 잔인함에서 비롯된 것이 아니라, 대화를 통해 이단 사상이 퍼질 것을 두려워한 데서 나온 것이었고, 따라서 그는 고립된 채 지내야 했다.

하지만 그는 결코 한가하지도, 한가할 수 있는 처지도 아니었다. 그는 종종 자신의 머리가 몸보다 지나치게 바쁘다고 토로하곤 했다. 아르체트리의 강제된 고독 속에서 그는 훗날 자신의 가장 위대하고도 탄탄한 업적으로 평가받는 《운동에 관한 대화》를 집필하고 있었다. 이 책에서 비로소 운동의 참된 법칙들이 처음으로 명확히 제시되었다. 그리고 그는 마지막으로 하나의 천문학적 발견을 더 이루게 되는데, 그것은 바로 달의 '리브레이션libration', 즉 달의 진동 운동에 대한 발견이었다.

그리고 나서 그에게 또 한 번의 가혹한 시련이 닥쳤다. 두 눈이 염증으로 붓고 아프기 시작했고, 먼저 한쪽 눈의 시력을 잃더니 곧 다른 쪽 눈마저 실명하고 말았다. 그는 완전히 앞을 보지 못하게 되었다. 그러나 하늘로부터 내려온 이 시련을 그는 체념 속에서 받아들였고, 그의 성정과 활동성을 생각할 때 그것이 얼마나 고통스러웠을지라도 묵묵히 감내했다. 한 편지에서 그는 이렇게 말했다.

"아, 슬프게도 당신의 친구이자 하인은 완전히 실명했습니다. 이제부터 이 하늘, 이 우주는 — 내가 경이로운 관측을 통해 과거 시대의 상상을 백 배, 천 배로 확장시켰던 이 세계는 — 이제 나에게는 내가 차지하는 이 좁은 공간만큼으로 줄어들고 말았습니다. 하느님의 뜻이 그러하시니, 나 또한 그것을 기쁘게 받아들이겠습니다."

이제 그는 필사를 도와줄 조수의 도움을 허락받았고, 토리첼리, 카스텔리, 비비아니 같은 제자들도 곁에서 헌신적으로 도왔다. 이들 중 토리첼리Torricelli는 훗날 갈릴레오 못지않은 명성을 얻게 된다. 예수회 감시관의 승인을 거친 경우에 한해 방문객도 받을 수 있었고, 그런 가운데 많은 이들이 그를 찾아왔다.

그들 중에는 갈릴레오처럼 불멸의 이름을 남긴 또 한 사람이 있었는데, 바로 이탈리아를 여행 중이던 스물아홉 살의 존 밀턴(John Milton : 대표작 《실락원》으로 유명한 17세기 영국의 작가)이었다. 이 두 위대한 인물이 마주한 그 순간은 참으로 애잔한 장면이었다. 한 사람은 이미 시력을 잃었고, 다른 한 사람은 장차 실명하게 될

177

운명이었기 때문이다. 그러니 존 밀턴이 노년에 자신의 걸작을 구술할 때, 토스카나의 눈먼 현자를 떠올리며 그들이 함께 나눈 대화를 시 속에 스며들게 한 것은 전혀 놀라운 일이 아니다.

이제 갈릴레오가 여전히 겪어야 했던 갖가지 자질구레한 괴로움과 고통을 일일이 따라가는 것은 지루할 것이다. 그의 아들조차 감시자로 지정되어, 허가받지 않은 일은 벌어지지 않는지, 이단 혐의가 있는 방문객은 드나들지 않는지 살펴야 했고, 그의 새 책은 한참이 지나서야 비로소 출간될 수 있었다. 게다가 그는 병이 가시기도 전에 또 다른 병을 앓는 등, 온갖 육체적 고통에 시달렸다. 그러나 마침내 자비로운 죽음이 그에게 다가왔고, 일흔여덟의 나이에 그는 종교재판소의 손아귀에서 풀려났다.

그들은 갈릴레오의 매장조차 허락하지 않으려 했다. 실제로 그는 묘비 없는 무덤에 묻혔고, 친구들이 기념비를 세우려 하자 그의 유해를 피렌체에서 다른 곳으로 옮겨버리겠다고 위협했다. 그렇게 해서 그들은 갈릴레오와 그의 업적이 세상에서 잊히기를 바랐다.

어리석은 책략이었다! 그 해가 채 지나기도 전에, 링컨셔 Lincolnshire에서 한 아이가 태어났고, 그 아이는 장차 그들의 희생자가 이루어낸 업적을 완성하고 더욱 발전시켜 나갈 운명을 지니고 있었다. 그래서 인류가 이 지구 위에서 사라지지 않는 한,

그 업적도, 그 업적의 주인도 결코 기념비를 필요로 하지 않게 될 것이다.

여기서 이야기를 마칠 수도 있겠지만, 17세기에 치열하게 벌어졌던 것과 같은 투쟁이 오늘날에도 여전히 잿더미 속에서 타오르고 있음을 언급하지 않을 수 없다. 물론 지금은 당시처럼 천문학에서 벌어지는 일은 아니고, 또 50여 년 전처럼 지질학에서도 아니다. 그러나 오늘날에는 주로 생물학에서 — 어쩌면 그 밖의 다른 분야들에서도 — 이러한 갈등이 계속되고 있다.

나 역시 찰스 다윈이 무신론자이며 불신자라고 불리는 것을 직접 들었고, 진화론이 성경의 가르침에 어긋난다며 공격받는 것도 보았으며, 인간이 더 낮은 존재 상태에서 점진적으로 상승해 왔다는 주장은, 더 높은 상태에서 타락했다는 교리에 반한다고 하여 불경스럽고 비기독교적이라고 부정당하는 현실을 목격했다.

사람들은 과거로부터 배우려 하지 않는다. 여전히 그들은 자연의 진리에 맞서 무력한 무기를 휘두른다. 마치 어떤 주장이나 선언이 사실을 바꿀 수 있기라도 하듯, 또는 사물의 본질을 그 본래 모습과 다르게 만들 수 있기라도 한 것처럼 행동한다. 갈릴레이가 그의 의지가 꺾이기 전에 말한 바와 같다.

"이런저런 주장에 대하여 교황 폐하께서 그것들을 받아들이든 거부하시든 그것은 의심의 여지없이 전적으로 폐하의 권한에 속하는 일이지만, 그것이 참인지 거짓인지, 또는 본성이나 사실과 다르게 만들 권한은 그 어떤 피조물에게도 없습니다."

여기 계신 분들의 견해에 대해 아는 것이 없지만, 나는 지금까지 배운 사람들 가운데 이런 이들을 본 적이 있다. 망원경을 들여다보면 자신이 듣기 싫은 진실을 알게 될까 두려워 관측을 거부했던 옛사람들을 비웃으면서도, 정작 자신들도 똑같은 어리석음을 범하는 이들 말이다.

나는 인간의 기원에 대해, '동산에 있던 완전한 한 쌍' 이외의 어떤 관점도 들으려 하지 않는 사람들을 실제로 만난 적이 있다. 그래서 나는 이 말을 하지 않을 수 없다. 어느 예언자가, 과거 세대의 어리석음과 편협함에 분노하는 당신을 바라보다가, 마침내 이렇게 되받아치지 않도록 조심하라. "바로 네가 그 사람이로다."

제6강
데카르트의 소용돌이 이론

우리가 지난 두 강의에서 살펴본 극적인 삶을 지나 이제는 잠시 숨을 고르며, 지금까지 이루어진 성과를 되돌아보고, 다음에 올 위대한 시대를 맞이하기에 앞서 당대의 과학적 사고의 흐름을 정리해보는 것도 의미 있는 일이다.

우리는 여전히 과학 발견의 이른 새벽에 머물러 있다. 코페르니쿠스가 희미하게 예고하고, 티코와 케플러의 작업을 통해 가까워졌으며, 갈릴레오의 발견으로 본격적으로 막이 오른 근대 과학의 여명기, 그 새벽은 분명 도래했지만, 태양은 아직 모습을 드러내지 않았다. 그것은 무지와 편견이라는 길고 긴 밤이 드리운 구름과 안개에 가려져 있다.

빛은 이 지상에서 피어오른 안개들을 드러내기엔 충분하지만, 그것을 완전히 몰아낼 정도는 아니다. 동쪽 구름을 뚫고 첫 번째 햇살이 비치고, 찬란한 태양의 전모가 모습을 드러내기까지는, 느리고 불확실한 한 세대의 시간이 더 필요하다.

이번 주 강의에서 우리가 살펴보게 될 시기는, 이러한 더딘

전진과 인간 사유의 느린 변화가 이루어지는 과도기이다. 새로운 위대한 사상을 받아들이는 과정은 언제나 그렇듯, 매우 느리고 점진적인 경로를 따른다. 자연의 다른 어떤 영역에서도 마찬가지지만, 이 분야에서도 서두름이란 없다.

'시간은 무한히 길다Die Zeit ist unendlich lang.' 변화의 힘은 끊임없이 작용하지만, 겉으로는 아무 일도 일어나지 않는 듯 보일 때도 있고, 때로는 오히려 후퇴하는 것처럼 보이기도 한다. 그러나 결국에는 예정된 종착점에 도달하게 되며, 그 여정이 행성이든 인간의 우주에 대한 사고든 간에, 그 궤도는 영원히 바뀌게 된다.

당시의 논쟁은 우주에서 차지하는 지구의 위치에 관한 것이었다면, 오늘날의 유사한 논쟁은 우주에서 차지하는 인간의 위치에 관한 것일지도 모른다. 그러나 그 과정 자체는 다르지 않다. 위대한 천재나 선지자에 의한 충격적인 선언, 대중의 불신, 때로는 노골적인 적대감, 소수에 의한 점진적 수용 그리고 그 뒤를 잇는 대중적 확산, 마침내는 그 이전의 의심만큼이나 비이성적이고 무비판적인 보편적 수용과 믿음에 이르게 된다.

오늘날에는 그 과정이 비교적 빠르다. 20년이면 많은 것이 이루어진다. 그러나 그 당시에는 고통스러울 만큼 더디었고, 백년이 지나도 이루어진 것은 극히 적어 보였다.

정기 간행물은 시간 낭비의 원인이 되기도 하지만, 사상의 빠른 확산을 돕는다는 점에서 분명히 기여하는 바가 있다. 새로운 사상이 일반 대중에게 흡수되는 속도는 지금도 결코 빠르다고 할 수 없지만, 몇 세기 전과 비교하면 얼마나 빨라졌는지는 다음의 예를 통해 알 수 있다.

《종의 기원》이 출간된 지 25년 후 대중이 다윈주의를 받아들이는 태도는, 《천체의 회전에 관하여》가 출간된 지 100년 후에도 여전히 냉담했던 당시 대중의 태도와 비교해보면 실로 큰 차이를 보인다. 말이 나온 김에 덧붙이자면, 내가 이런 의견을 갖는 것이 감히 주제넘은 일일 수 있다는 점은 알지만, 다윈을 뉴턴과 비교하거나 함께 언급하는 말을 들을 때면 도저히 떨쳐낼 수 없는 거북함이 든다. 내가 보기엔, 다윈이 생물학을 발견했을 당시의 상황은 오히려 천문학에서 프톨레마이오스 체계가 지배적이던 시대와 더 비슷하며, 그 자신도 뉴턴보다는 코페르니쿠스에 가까운 인물이라 여겨진다.

이제 우리가 다루고 있는 이 시점에서 인류가 도달한 과학적 발전의 단계를 정리해보자.

코페르니쿠스의 태양계 체계는 이미 제시되었고, 다시 강조되었으며, 격렬한 반박과 옹호를 거치면서 이제는 널리 알려진 이론이 되었다. 망원경 관측을 통한 일련의 눈부신 발견은 이 체계를 대중적이고 지성 있는 사람 누구나 접근할 수 있는 것으로 만들었다. 이제부터는 이 체계가 천천히 스며들어 사람들의 의식에 깊이 자리 잡는 과정을 기다려야 할 것이다.

각 나라들은 이제 막 깨어나고 있었고, 새로운 사상을 받아들일 준비가 되어 있었다. 특히 영국은 어떤 면에서 그 영광의 정점에 있었거나, 적어도 성숙한 시대보다 훨씬 더 강력하고 위대한 사상과 행동을 낳는 젊음과 기대, 희망의 전성기 속에 접어들고 있었다.

모두가 혐오하던 공동의 적에 맞선 공동의 투쟁은 영국인들의 가슴 속에 열정과 애국심을 불러일으켰다. 그 결과, 상업의 비열한 요소들, 곧 속임수 가득한 자의적인 척도들은 잠시나마 잊혔다. 무적함대는 패배했고, 국민의 참된 자각과 성숙한 삶이 시작되었다.

이제 상업은 단순한 이익 추구와 힘겨운 흥정의 싸움이 아니었다. 그것은 모험과 발견의 정신으로 가득 차 있었다. 새로운 세계가 열렸고, 아직 탐험되지 않은 것이 얼마나 더 많이 있을지 아무도 알 수 없었다. 사람들은 자신들이 물려받은 유산의 찬란함에 눈을 떴고, 드레이크Drake와 프로비셔Frobisher, 롤리Raleigh와 같은 탐험가들은 저마다 서쪽 땅으로 항해를 떠났다.

문학에 관해서라면, 그 시대가 어떤 시대였는지 이미 알고 있을 것이다. 《햄릿》과 《오셀로》의 작가가 살아 있었던 때다. 더 말할 필요조차 없다. 그렇다면 과학은 어떠했을까? 과학의 분위기는 훨씬 더 조용하고 덜 격정적이다. 과학은 흥분의 열기가 가라앉은 후에야 가장 잘 자란다. 문학보다 본질적으로 더 늦게 성장하는 분야다. 하지만 이미, 우리의 두 번째 위대한 과학자가 한적한 시골 마을에서 활동 중이었다. 시간 순서상 두 번째라는 뜻이다.

첫 번째는 로저 베이컨이고, 콜체스터의 길버트(William Gilbert : 16세기 영국 물리학자. 자기장 이론의 선구자)박사가 두 번째였다. 그리고 시대는 훗날 영국이 훅(Robert Hooke 1635~1703 : 영국의 자연과학자, 현미경을 최초로 이용하여 식물세포를 발견했다), 보일(Robert Boyle 1627~1691: 영국의 화학자, 기체에 관한 보일의 법칙으로 유명하다), 뉴턴과 같은, 세상이 아직 경험해보지 못한 과학의 거성들을 배출하게 될 그 시대를 향해서 점차 무르익고 있었다.

그렇다, 유럽의 각국은 깨어나 있었다. 드레이퍼가 말했듯이, '모든 방향에서 자연이 탐구되고 있었고, 모든 방향에서 새로운 탐구 방식들이 예기치 못한 아름다운 결과들을 내놓고 있었다. 담쟁이덩굴로 뒤덮인 대성당의 폐허 위에서, 교권주의(혹은 스콜라주의)는 새벽이 밝아오는 데 놀라고 눈이 멀어, 주변의 빛과 생명을 멍하니 바라보며 지난 밤을 회상하고 있었고, 그 밤의 회귀를 바라며 또 다른 환영과 망상에 사로잡혀 있었으며, 경솔하게 가까이 다가오는 조롱하는 공격자에게는 복수심에 찬 발톱

을 날리고 있었다.'

길버트의 업적에 대해서는 이야기할 것도 많고, 로저 베이컨 역시 마찬가지다. 그를 생략한 것이 과연 옳았는지에 대해서는 나 자신도 확신이 없다. 그러나 이들 모두 천문학과는 큰 관련이 없었고, 바로 이 천문학 분야에서야말로 이 시기 동안 가장 놀라운 진보가 이루어지고 있었으므로, 주로 이 분야의 개척자들에 집중하는 것이 더 현명하다고 판단했다.

이런 이유로 길버트에 대해서는 간략하게 언급하는 것으로 하겠다. 그는 코페르니쿠스의 이론을 알고 있었고 이를 철저히 수용했다(편의상 코페르니쿠스 이론이라 부르지만, 여러분도 알다시피 이는 코페르니쿠스가 처음 거칠게 제시한 이후 여러 면에서 상당히 보완된 바 있다). 하지만 그는 이 이론에 어떤 변경도 가하지 않았다. 그는 교양 있는 과학자였으며, 날카로운 감각을 지닌 실험 철학자였다. 그의 주요 연구는 자력과 전기의 영역에 있었다. 로저 베이컨이 항해용 나침반과 관련된 현상들을 어느 정도 연구한 바 있었고, 길버트는 이를 훨씬 더 철저히 조사하였다. 그의 논문 《자력에 관하여(De Magnete)》는 자성 과학의 시작을 알리는 책이다.

이 논문의 부록에서 그는 탈레스가 언급했던 호박amber의 현상을 연구했다. 2,200년 동안 묻혀 있던 이 작은 사실을 되살려냈고, 이를 대폭 확장시켰다. 바로 그가 '전기electricity'라는 이름을 만들어낸 인물이었다. 좀 더 짧은 이름이었더라면 좋았을 텐

데. 인류는 철학자들보다 훨씬 더 좋은 이름을 짓는다.

'열heat', '빛light', '소리sound'. 이보다 더 나은 이름이 있을까? 이것들을 '전기electricity', '자기magnetism', '갈바니즘galvanism', '전자기electro-magnetism', '자기전기magneto-electricity' 같은 말들과 비교해 보라!

철학자가 만들어낸 이름 중에서 내가 아는 유일한 단음절 이름은 '가스gas'뿐이다. 훌륭한 시도였고, 본받을 만한 이름이다.

베이컨 경은 대략 같은 시기(조금 뒤)에 활동한 인물이기에, 그에 대해서도 간단히 언급할 필요가 있다. 그와 그의 저작 《신기관(Novum Organon)》 덕분에 세상은 다시 각성했으며, 아리스토텔레스 전통의 붕괴 역시 그로 인한 것이라는 인상을 가진 이들이 많기 때문이다. 그러나 그의 영향력은 과장되어 있다.

나는 《신기관》의 세부 내용이나, 그가 제시한 기계적 방법들에 대해 논하려는 것은 아니다. 그는 이를 진리 발견을 위한 확실한 처방으로 생각했고, 누구나 성실히 따르기만 하면 사례의 수집과 구분을 통해 발견을 이룰 수 있다고 믿었다. 내 말을 어느 정도 신뢰하든지 간에, 나는 이렇게 주장하고자 한다. 베이컨이 제시한 여러 방법들 가운데 상당수는 인류의 경험이 실용적이라 여긴 바와도 다르며, 실제로 과학자라면 떠올렸을 것 같지도 않은 방식들이다.

과학에 대한 진정한 열정과 재능은 타고나는 것이며, 과학적 자질이 있는 사람에게는 굳이 어떤 절차상의 규칙도 필요 없고, 직관만으로도 충분하다는 말은 사실이다. 그렇지 않다면 직업을 잘못 선택한 셈이다. 하지만 내가 말하고자 하는 바는 그게 아니다.

베이컨의 방법론이 쓸모없다고 말하는 이유는, 단지 최고의 인재들이 그것을 필요로 하지 않기 때문이 아니다. 만약 그것이 과학자들이 실제로 사용했던 방법, 비록 의식하지는 않았을지라도 실제로 채택해온 방법을 면밀히 조사하고 그에 기초하여 세워진 것이었다면 — 존 스튜어트 밀이 훨씬 나중에 제시한 귀납법이 그랬던 것처럼 — 그 내용을 정식화하여 제시하는 것은 분명 값진 업적이었을 것이다.

그러나 베이컨의 방법론은 그런 것이 아니었다. 그것은 과학적 탐구가 거의 알려지지 않았던 시대에 한 뛰어난 문학인이, 자신이 아마추어였던 분야에 대해 쓴 글이었다. 나는 그가, 혹은 존 스튜어트 밀이나 다른 누구라도, 그 당시의 상황에서 진정한 철학적 탐구의 규칙을 정식화할 수 있었을 것이라고는 생각하지 않는다. 왜냐하면 그때는 그런 규칙을 수립하는 데 필요한 자료나 정보 자체가 충분하지 않았기 때문이다. 과학과 그 방법은 이제 막 태동하기 시작한 상태였다.

물론 그것은 탁월한 시도였다. 자연에 대한 탐구는 자유롭고 열린 태도로 임해야 한다는 그의 강조에는 의심할 바 없이 옳고 중요한 통찰이 담겨 있다. 또한 인간이 빠지기 쉬운 오류를 '시장(또는 광장)idola fori', '종족idola tribus', '극장idola theatri', '동굴idola specus'이라는 우화적 이미지로 구분해 낸 점은 문학적으로도 아름답다. 그러나 그러한 점들에도 불구하고, 과학의 실질적인 진보에 있어 베이컨의 영향은 거의 없었다고 해도 과언이 아니다. 데카르트의 《방법서설》이 훨씬 더 실질적인 저작이었다.

내가 지금 베이컨에 대해 말하는 것은 오직 과학자라는 측면에 한해서다. 문학가로서, 법률가로서, 세속적 인물로서, 또 정치가로서 그는 내 비평을 뛰어넘는 사람이다. 내가 말하고자 하는 것은 오직 《신기관》의 순수한 과학적 측면뿐이다. 《수필집(Essays)》과 《학문의 진보(The Advancement of Learning)》는 대단히 뛰어난 작품이며, 그는 문학인으로서 매우 높은 위치를 차지한다.

영국에서는 그의 과학적 중요성에 대해 지나친 찬사가 쏟아졌는데, 그에 대한 반작용으로 외국에서는 지나치게 깎아내리는 경향이 나타나고 있다. 누군가를 지나치게 높은 지위에 올려놓으면, 결국 누군가는 마지못해 그를 끌어내리는 일을 맡게 되는 법이다. 유스투스 폰 리비히Justus von Liebig는 이 임무에 열의를 갖고 나섰는데, 그의 《연설과 논문집(Reden und Abhandlungen, 라이프치히, 1874)》에서 베이컨이 제안한 수많은 엉뚱한 실험 예시들을 인용하고 있다.

다음 단락은 내가 그 견해에 동의해서가 아니라, 어떤 문제든 양측의 주장을 들어보는 것이 늘 유익하기 때문에 읽어드리는 것이다. 여러분은 아마 오랫동안 베이컨의 중요성을 과대평가하거나, 그의 저작이 과학사에서 하나의 시대를 연 것처럼 지나치게 찬양하는 글에 익숙했을 것이다. 이에 반대되는 입장에서 드레이퍼Draper가 뭐라고 말하는지 들어보자.

"베이컨 경의 저술을 자세히 들여다보면 볼수록, 그에게 주어진 거대한 명성이 그리 합당하지 않았음을 알게 된다. 그가 지대한 영향을 끼친 것처럼 보이게 만든 대중의 착각은, 과학사의 흐름이 제대로 알려지지 않았던 시대에 비롯된 것이다. 그를 처음 주목한 사람들은 고대 알렉산드리아 학파에 대해 전혀 알지 못했다. 새로운 철학의 창시자라는 이 인물은, 역사상 가장 위대한 과학적 이론이 명백히 제시되었을 때조차 그것을 이해하지 못했고 받아들이려 하지도 않았다."

"참된 자연과학적 방법의 고안이 마치 베이컨이 법학 연구나 궁정 업무에서 벗어난 여가시간에 즐기던 일처럼 묘사되어 왔다."

"그의 주요한 찬미자들은 대개 문학적 성향을 지닌 이들로, 과학적 발견이 일종의 기계적 정신 작용을 통해 이루어진다고 생각하는 이들이다. 베이컨 자신은 결코 어떤 위대한 실용적 결과를 산출하지 못했으며, 그의 방법을 실제로 활용한 위대한 물리학자 역시 단 한 사람도 없다. 그는 현대 과학의 발전에 있어서, 마치 천체의 메커니즘을 발견한 것이 아니라 천체 모델을 발명한 사람이 차지하는 정도의 역할밖에 하지 않았다. 지금까지의 모든 중요한 물리학적 발견 가운데 어느 하나도 그것이 '베이컨식 도구'에 의해 이루어졌음을 보여주는 예는 없다."

"뉴턴은 자신이 베이컨에게 어떤 신세를 졌다고 생각한 적이 없어 보인다. 아르키메데스와 알렉산드리아 학파 그리고 아라비아 학자들, 레오나르도 다 빈치 역시 그보다 훨씬 앞서 탁월한 성과를 내지 않았는가? 콜럼버스의 신대륙 발견이나 마젤란의 세계 일주는 결코 베이컨의 공로라 할 수 없지만, 이들 또한 참된 철학적 사유의 결과였다. 그러나 자연을 탐구하는 일은 규칙이 아니라 천재성의 문제다. 아무도 비극이나 서사시를 쓰기 위한 작법 체계를 발명할 수는 없다. 베이컨의 체계는, 그의 용어를 빌리자면, '극장의 우상idola theatri'일 뿐이다. 그것은 수수께끼 같은 문제를 푸는 데조차 별 도움이 되지 않을 것이다."

"과학을 논했던 사람들 중에서, 베이컨 경보다 더 많은 실수를 저지른 이는 드물다. 그는 코페르니쿠스 체계를 거부했고, 그 위대한 저자에 대해 무례한 발언을 했다. 그는 길버트의 《자력에 관하여》을 비판하려 들었고, 모든 '목적 원인final causes'에 대한 탐구를 단죄하는 데 몰두하고 있었을 때, 하비(William Harvey : 16세기 영국의 생리학자)는 정맥 속 판막의 존재를 토대로 혈액 순환을 추론하고 있었다. 그는 과학에 있어 기구(도구)의 유용성에조차 의문을 품었으며, 바로 그 무렵 갈릴레오는 망원경으로 하늘을 탐구하고 있었다. 수학에 대해서도 전혀 무지했던 그는, 수학이 과학에 쓸모없다고 단정했는데, 불과 수년 뒤 뉴턴은 바로 그 수학의 힘으로 불멸의 발견들을 이루어낸다."

"이제는 철학이라는 신성한 이름이 과학을 가장한 자, 형편에 따라 움직인 정치가, 교활한 법률가, 부패한 판사, 배신하는 친구 그리고 불량한 인간이었던 사람과의 오랜 연관성에서 끊어져야 할 때다."

이는 일반적으로 회자되는 과도한 찬사만큼이나 지나친 폄하로 보인다. 진실은 아마도 이 두 극단의 어딘가 중간에 있을 것이다. 오늘날의 물리과학이 이룬 발전된 수준을 기준으로 베이컨의 방법을 평가하는 것은 공정하지 않다. 그의 위치를 제대로 이해하려면, 아직 학문이 매우 유아기에 머물러 있던 시대를 상상해야 한다.

실험적 방법의 도입 자체가 의심받고 있었고, 연구란 책과 말, 일반적인 사례에 대한 논의에 의존하던 시기였다. 관찰이나 수집, 변칙적이고 이례적인 현상들에 대한 주의 깊은 주목, 실험을 통한 변이의 유도 같은 접근은 거의 없었다. 이러한 유아기적, 과학 이전 단계의 상태에 놓인 학문을 상정한다면, 베이컨의 언명과 체계는 결코 무의미한 것이 아니며, 오히려 그 한계 안에서 충분히 필요한 것이었고, 건전한 자극이기도 했다.

놀랍게도, 이러한 유아기적 상태에 머물러 있는 학문이 지금도 존재한다. 그것은 바로 심리학이다. 심리학은 현재에서야 비로소 실험적 도구를 더듬듯이 갖추기 시작하고 있으며, 여전히 불신과 의심의 답답한 분위기 속에서 움직이고 있다.

물론 베이컨이 현대 과학의 본능적 직관을 결여하고 있었다는 점은 인정해야 한다. 그러나 그는 인류에게 중대한 기여를 했다. 인간의 관심을 책 속에서 자연 그 자체로 향하게 했다는 점에서 말이다. 그의 천재성은 의심의 여지가 없다. 그의 삶과 업적에 대해서는 브리태니커 백과사전에 실린 애덤슨 교수의 신중한 평론이 매우 유익하니, 이에 관심 있는 이들에게 그 글을 권하고자 한다.

그렇다면, 갈릴레오의 죽음과 뉴턴의 전성기 사이의 과학사의 공백을 메운 일급 거성은 누구였을까? 천재의 출현을 지배하는 법칙은 알 수 없고 신비롭다. 우리는 지금까지 한 명의 폴란드인, 한 명의 덴마크인, 한 명의 독일인, 한 명의 이탈리아인을 살펴보았다. 이제 그 계보를 잇는 위대한 인물은 프랑스 사람, 1596년 3월 31일 투렌에서 태어난 르네 데카르트이다.

그의 어머니는 그가 태어나자마자 세상을 떠났고, 아버지는 약간의 토지를 가진 것 외에는 그다지 중요하지 않은 인물이었다. 소년은 자유분방하게 자라났고, 상당한 재산을 물려받았다. 눈여겨보면, 일류 인물들 가운데 대다수는 유복한 가정에서 태어났다. 물론 케플러의 경우에서 보듯, 가난하게 태어난 천재도 명성을 얻을 수 있었지만, 그 과정에서 엄청난 제약을 감수해야 했다. 물론 오늘날에도 그 제약은 여전히 존재하지만, 과거보다는 훨씬 덜하다. 그리고 시대가 점점 더 밝아지고, 위대한 인물이 한 나라에 끼치는 거대한 영향이 더욱 명확히 인식되고 실제로 평가받게 됨에 따라, 이러한 장벽도 점차 줄어들 것이라 기대해볼 수 있다.

강한 성격을 겸비한 천재라면 모든 장애를 극복하고 최고의 경지에 이를 수도 있다. 하지만 그 과정은 반드시 혹독한 투쟁이 되어야 하며, 특히 수용성이 높은 청년기 동안 제대로 된 교육과 교양을 전수받지 못한 것은 평생에 걸친 불이익으로 작용할 수밖에 없다.

데카르트는 이러한 제약과는 무관한 삶을 살았다. 인생은 그에게 비교적 수월하게 주어졌고, 어쩌면 그 결과로 그는 결코 삶을 아주 진지하게 받아들이지는 않은 듯하다. 거대한 운동이나 격동하는 사건들도 그에게는 인간과 세태를 관찰할 기회였을 뿐이었다. 그는 박해를 자초하는 사람이 아니었고, 패배하거나 고군분투하는 대의에 열정을 보이는 성격도 아니었다. 이 점에서 그는, 다른 여러 면에서도 그렇듯, 매우 '현대적인 정신'을 지닌 사람이었다. 냉소적이고 회의적인 태도, 그것은 나처럼 외부에서 지켜보는 피상적인 관찰자에게는, 오늘날에도 제법 널리 퍼져 있는 정신으로 보인다.

또한 그는 과학적 정신의 한 유형을 지니고 있었는데, 이는 오늘날에도 가끔 찾아볼 수 있지만 점차 사라지고 있다고 본다. 그것은 곧, 자신의 연구에만 몰두하고 인문학적, 문학적, 미적 학문에 대해서는 다소 경멸하는 듯한 태도이다.

그는 정치, 예술, 역사에는 아무런 관심도 없었던 것으로 보인다. 세상의 무대에서 그는 행위자라기보다 관찰자에 가까웠고, 위대한 군사 지도자 모리스 왕자의 군대에 합류했을 때조차도 어떤 신념이나 대의를 위해 싸우겠다는 마음에서가 아니라, 마치 오늘날의 한량한 청년이 인생 구경 삼아 자원입대하듯, 그저 즐기고 세상을 경험할 기회로 여겼던 것이다.

그는 곧 그 생활에 싫증을 느끼고 파리의 화려한 사교계로 자리를 옮겼다. 이곳에서 자칫하면 방탕한 친구들과 함께 무의미한 삶에 빠져들 수도 있었지만, 그의 인생을 돌이키게 한 강력한 정신적 충격이 있었다. 그것은 눈에 보이거나 손에 잡히는 세계에 의해 자극된 감정이 아니었고, 일반적인 의미에서의 '개종'이라고 할 수도 없는 것이었다.

그가 직접 전하길, 1619년 11월 10일, 스물네 살의 나이에 한 가지 번뜩이는 아이디어가 그의 머릿속에 떠올랐다고 한다. 그것은 바로 그가 후에 '위대한 수학적 방법'이라고 부르게 되는 것의 첫 단서였으며, 이 아이디어에 사로잡힌 그는 다음과 같은 가능성을 내다보게 되었다. 즉, 기하학자들이 몇 개의 단순하고 자명한 전제로부터 출발해 복잡하고 난해한 정리들에 도달하듯이, 자신도 몇 가지 기본적인 사실들로부터 시작해 수학적 추론 과정을 통해 우주의 모든 비밀과 사실에 이를 수 있으리라는 것이다.

'자연의 신비를 수학의 법칙과 비교하면서, 그는 두 세계의 비밀이 같은 열쇠로 열릴 수 있으리라고 감히 기대했다.'

그날 밤 그는 점차 열광적인 상태에 빠져들었고, 그 안에서 세 가지 꿈, 혹은 환상을 보았다. 그는 그것들을 — 잠에서 깨기도 전에 — 곧바로 해석하며, 그것이 진리의 영이 자신의 앞날을 인도하고, 이미 저질렀던 죄들로부터 자신을 경고하기 위해 내린 계시라고 믿었다.

그의 꿈에 대한 설명은 지금도 전해지지만, 그 내용을 이해하기는 그리 쉽지 않다. 그리고 인간이란 본디, 자신을 근본부터 뒤흔든 가장 깊은 영적 또는 정신적 격동을 타인에게 온전히 전달하기란 어려운 법이다.

이제 그는 파리에서의 동료들을 떠났고, 여러 차례 방랑한 끝에 네덜란드로 거처를 옮겼다. 그는 생애 대부분을 그곳에서 보내며 진정한 업적들을 이루었다.

그렇지만 이때에도 삶을 느긋하게 대했다. 그는 훌륭한 정신적 작업을 위해서는 게으름이 필수적이라고 주장했다. 하루에 몇 시간만 일하고 사색했으며, 그 대부분은 침대에서 보냈다. 그는 침대에서 생각이 가장 잘 떠오른다고 말했다. 오후에는 사교와 휴식에 할애했고, 저녁 식사 후에는 여러 사람에게 편지를 썼다.

이 편지들은 모두 공개를 염두에 두고 쓴 것이 분명하며, 정성스럽게 보관되었다. 그는 근심 걱정에서 벗어난 삶을 살았고, 건강관리에도 극도로 신중했으며, 아마도 스스로를 하나의 실험 대상으로 여기며 자신의 수명이 얼마나 연장될 수 있을지를 시험하고자 했던 듯하다. 그는 한때 친구에게, 백세까지 살지 못한다면 크게 실망할 것이라고 쓴 바 있다.

자신을 지나치게 몰아붙이지 않고, 진지한 사색에 할애하는 시간을 제한한 이 계획은 오늘날 과도하게 공부에 매진하는 학생들에게도 유익한 본보기가 될 수 있다. 적어도 하나의 교훈을 전해주는 셈인데, 데카르트가 그리 길지 않은 생애 동안 다룬 분야의 폭은 실로 놀라울 정도이기 때문이다. 그는 과학적 작업에 있어 특별한 재능을 지니고 있었음이 분명하며, 걱정이나 복잡한 일로부터 스스로를 자유롭게 유지할 수 있었던 사려 깊은 이기심은 그의 연구에 큰 도움이 되었을 것이다.

그렇다면 그의 다재다능한 천재성은 54년의 생애 동안 어떤 성과를 이루었을까?

철학, 즉 자연철학이나 물리학과 구별되는 정신적, 도덕적 철학 혹은 형이상학의 영역에서 그는 매우 높은 평가를 받는다. 어쩌면 그의 가장 큰 명성은 이 분야에서 비롯되었는지도 모른다. (그는 잘 알려진 격언 '나는 생각한다, 고로 존재한다(Cogito, ergo sum)'의 창시자이기도 하다.)

나는 생물학 분야에서도 거의 같은 수준의 위대한 인물로 평가받을 수 있다고 생각한다. 그는 분명 해부에 많은 시간을 들였고, 오늘날 우리가 알고 있는 인체 구조와 시각 이론의 상당 부분을 밝혀냈다. 그는 하비가 당시 가르치고 있던 혈액 순환 이론을 열렬히 받아들였으며, 탁월한 해부학자이기도 했다. 아마 여러분도 헉슬리(Thomas Huxley : 19세기 영국의 생물학자) 교수가 《대중 강연집(Lay Sermons)》에서 데카르트에 대해 쓴 글을 알고 있을 것이고, 데카르트가 얼마나 높이 평가되고 있는지도 알 수 있을 것이다.

그는 동물은 자동기계라는 가설을 처음으로 제안한 인물이었다. 어떤 관점에서 보자면 이 가설에는 분명 일리가 있는 점도 있다. 그러나 불행히도 그는 동물들이 의식도 감각도 없는 자동기계라고 믿었고, 이 믿음은 그의 제자들로 하여금 끔찍한 잔혹 행위로 이어지게 만들었다. 헉슬리 교수는 이 가설에 대해 강의한 바 있으며, 몇 해 전까지만 해도 이를 부분적으로 지지하기도 했다. 해당 강의 내용은 《과학과 문화(Science and Culture)》에 수록되어 있다.

그의 수학과 물리학 업적에 대해서는 좀 더 확신을 가지고 말할 수 있다. 그는 데카르트 좌표계로 불리는 해석기하학, 즉 대수기하학 체계를 창안했다.

이 체계는 이후 연구에서 매우 강력한 도구가 되었으며, 이전의 종합기하학보다 훨씬 다루기 쉬운 방법이었다. 이 체계가 없었다면 뉴턴은 결코 《프린키피아》를 집필하지 못했을 것이며, 그의 가장 위대한 발견들 역시 이루어지지 않았을 것이다. 물론 뉴턴이 이를 스스로 창안할 수도 있었겠지만, 그것을 완성하는 데 생애의 많은 시간을 소모했을 것이다.

이 체계의 원리는 평면 위의 한 점의 위치를 두 개의 수로 지정하는 것이다. 이 두 수는 평면 위의 기준이 되는 두 직선으로부터의 거리로, 예를 들어 지구상의 위도와 경도처럼 생각할 수 있다. 예컨대 기준선이 벽의 아래 모서리와 왼쪽 세로 모서리라면, 벽 위의 한 점을 '오른쪽으로 6피트, 위로 2피트'라고 표시하면 그 점의 위치는 정확히 결정된다.

이 두 거리값을 '좌표coordinates'라고 하며, 보통 수평 방향은 x, 수직 방향은 y로 나타낸다.

만약 두 가지 값을 지정하는 대신 하나의 조건만 주어진다면, 예를 들어 y = 2와 같이 말할 경우, 이는 지면에서 2피트 위에 있는 수평선상의 모든 점을 만족시키는 것이다. 따라서 y = 2는 해당 수평 직선을 나타내는 식이 되며, 이 식은 그 직선의 방정식이라고 부른다. 마찬가지로 x = 6은 왼쪽 모서리에서 6피트(또는 인치나 다른 단위) 떨어진 수직 직선을 나타낸다. 이제 x = 6이고 y = 2라고 하면, 이 두 조건을 모두 만족하는 점은 단 하나뿐이며, 앞서 언급한 두 직선이 교차하는 지점이 바로 그 점이다.

예를 들어 x = y 같은 방정식이 주어졌다고 해 보자. 이 또한 일정한 조건을 만족하는 점들의 집합, 즉 바닥과 왼쪽 모서리로부터의 거리가 같은 모든 점들에 의해 만족된다. 다시 말해, x = y는 45도로 위로 기울어진 직선을 나타낸다. x = 2y는 기울기가 다른 또 하나의 직선을 나타내며, 이런 식으로 계속 확장할 수 있다.

$x^2 + y^2 = 36$이라는 방정식은 반지름이 6인 원을 나타낸다. $3x^2 + 4y^2 = 25$는 타원을 나타내며, 일반적으로 x와 y라는 두 변수만 포함하는 모든 대수적 방정식은 평면상의 어떤 곡선을 나타낸다. 그리고 이러한 곡선은 실제로 그려보지 않더라도 방

정식을 통해 그 성질을 완전히 분석할 수 있다. 이처럼 대수학은 기하학과 결합하게 되었으며, 방정식을 통해 기하학적 관계를 탐구하는 이러한 방식을 해석기하학analytical geometry이라고 한다. 이는 도형의 도움을 받아 명시적으로 추론하는 유클리드식 혹은 종합적synthetic 방식과는 구별된다.

변수가 둘이 아니라 x, y, z처럼 셋이라면, 그들 사이의 방정식은 더 이상 평면 위의 곡선을 나타내지 않고, 공간 속의 하나의 곡면을 나타낸다. 세 변수는 각각 공간의 세 차원 — 길이,

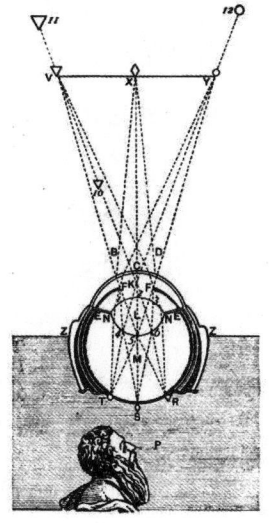

그림 26 눈의 구조도
외부의 세 지점이 망막에 상으로 맺히는 모습이 보이며, 이 이미지가 뇌의 표상으로 인식되는 것으로 묘사되어 있다.

너비, 두께 — 에 해당한다. 변수 네 개가 들어간 방정식은 보통 4차원의 공간에서 해석되어야 하며, 그 이상도 마찬가지다.

이렇게 해서 기하학은 훨씬 더 기계적이고 따라서 훨씬 쉬운 방식으로 사고될 수 있을 뿐만 아니라, 우리가 직접적으로 개념을 형성할 수 없고 앞으로도 형성할 수 없는 영역까지 확장될 수 있다. 그런 개념들과 관련된 어떤 종류의 경험도 축적할 수 있는 감각기관이 우리에게는 없기 때문이다.

물리학 분야에서 데카르트의 광학에 관한 논문은 역사적으로 상당한 중요성을 지닌다. 그가 다룬 모든 주제는 유능하고 독창적인 방식으로 전개된다. 천문학에서는, 데카르트가 그 유명하고 오랫동안 지지를 받아온 이론인 소용돌이 이론doctrine of vortices의 창시자다.

그는 공간을 온 우주를 가득 채운 유체, 즉 빈틈없이 충만한 플레넘plenum으로 보았다. 이 유체의 일부는 소용돌이나 물살처럼 회전 운동 상태에 있었으며, 각 행성은 자신만의 소용돌이 안에 갇혀, 마치 빨려든 짚 조각처럼 계속해서 휘말리며 움직인다고 보았다. 그는 이 개념을 매우 정교하게 발전시켜 우주 전체의 체계에 적용했고, 행성들의 모든 운동을 설명하는 데 활용했다.

이 체계는 명백히 프톨레마이오스 체계가 무너진 뒤 사람들의 마음속에 남겨진 공백을 채워주었고, 빠르게 받아들여졌다.

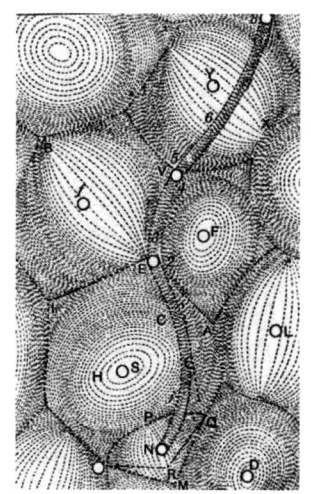

그림 27 데카르트의 소용돌이 다이어그램

영국의 여러 대학에서는 이 이론이 오랫동안 거의 이견 없이 지배적인 위치를 차지했고, 뉴턴 역시 이러한 신념 속에서 성장했다. 무한히 반복되는 행성의 궤도 운동을 유지시켜줄 어떤 것이 필요하다는 인식이 퍼져 있었고, 프톨레마이오스의 '제1동력 primum mobile'은 더 이상 작동하지 않았다. 때때로 각 행성을 돌게 하는 존재로 천사가 배정되기도 했지만, 이는 널리 퍼진 믿음이었을지언정 진지한 과학적 설명은 아니었다. 데카르트의 소용돌이 이론은 바로 그 필요한 역할을 정확히 수행해주는 것처럼 보였다.

사실 데카르트의 소용돌이 이론은 케플러의 법칙들과는 아무런 관련이 없었다. 데카르트가 케플러의 법칙을 알고 있었는지는 의심스럽다. 그는 다른 사람들의 연구를 높이 평가하지 않았고, 책도 거의 읽지 않았다. 생각하는 편이 훨씬 낫다고 여겼던 것이다. (그는 한때 명성이 절정에 달했던 갈릴레오가 피렌체에 머무를 때 그 도시를 지나간 적이 있었지만, 갈릴레오를 찾아가거나 만나보지도 않았다.) 행성의 운동이 원형이 아닐 경우에는, 그 편차를 소용돌이의 충돌, 밀집 그리고 왜곡 현상으로 설명해야 했다.

데카르트는 물체들이 각 소용돌이의 중심을 향해 가라앉는 현상으로 중력을 설명했다. 응집력은 물질의 입자들 사이에 서로를 분리시키려는 상대적인 운동이 없기 때문이라고 보았다. 그는 '이보다 더 강력한 접착제를 상상할 수 없다'고 말했다.

데카르트가 상상한 소용돌이 개념은 오늘날 더 이상 받아들여지지 않는다. 그렇다면 우리는 그의 체계를 터무니없는 전면적인 오류로 간주해야 할까? 그렇게 보기는 어렵다. 왜냐하면 오늘날에도 철학자들은 우주 공간이 완전히 유체로 가득 차 있다고 믿고 있으며, 이 유체는 확실히 소용돌이 운동을 할 수 있고, 아마도 실제로 어디에서나 그런 운동을 하고 있다고 보기 때문이다.

물론 오늘날 상상되는 소용돌이는 데카르트가 말한 것처럼 행성 크기의 거대한 소용돌이가 아니라, 오히려 원자보다도 훨씬 작은 차원의 미세한 회전운동이다. 그럼에도 불구하고, 회전하는 유체라는 개념은 여전히 유효하며, 지금도 많은 이들이 물질의 모든 성질 — 강성, 탄성, 응집력, 중력 등 — 을 이 회전 유체에서 유도해내려는 시도를 하고 있다.

게다가 우리는 중력이나 자기와 같은 개념들을 아무렇지 않게 말하곤 하지만, 실제로 그것들이 무엇인지에 대해서는 아직 제대로 알지 못한다. 물론 진보는 이루어지고 있지만, 우리는 여전히 제대로 파악하지 못하고 있다. 우리가 알아내야 할 것은 아직도 엄청나게 많이 남아 있다. 그러므로 어떤 이론이 잘 확립되었고 오랫동안 유지되어 왔다면, 그것을 전적으로 거짓이자 터무니없는 것으로 치부해서는 안 된다.

지식이 깊어질수록, 가장 기묘하게 보이는 주장 속에서도 일말의 진실이 담겨 있음을 점점 더 자주 깨닫게 된다. 그리고 과학자들은 오랜 경험을 통해, 지식의 나무에서 가지 하나를 함부로 잘라내는 것이 얼마나 위험한 일인지를 알고 있다. 말라버린 죽은 가지를 자르려다 보면, 자칫 아직 드러나지 않은 진실을 머금고 있는 푸른 새싹이나 건강한 눈까지 잃게 될 수도 있기 때문이다.

하지만 태양계와 관련하여 데카르트의 소용돌이 개념이 적용될 수 있다면, 그것은 어디까지나 훨씬 이전의, 즉 태양계가 하나의 거대한 소용돌이로 존재하며 적절한 거리에서 행성 고리를 떼어내거나 수축시킬 준비가 되어 있던, 그 '성운 상태'에 더 가까운 시기일 것이다.

그는 위대한 저작인 《자연철학의 원리》를 집필한 직후, 인쇄에 들어가기 전, 갈릴레오가 박해를 받고 철회문을 낭독했다는 소식이 그에게 전해졌다. 마하피John Mahaffy는 《데카르트 전기》에서 이렇게 말한다.

"그는 그 소식을 듣고 완전히 충격을 받은 듯하다. 그는 과학적 여정을 시작하며 처음부터 교회와 충돌하지 않겠다는 확고한 결심을 품고 있었고, 순수 수학과 물리학의 체계를 신앙의 문제와는 철저히 분리된 채로 수행하려 했던 것이다. 그러나 이러한 분리가 가능하리라는 생각은 너무나 거칠게 깨져버렸다."

그는 즉시 ― 아마도 1633년 11월 20일 ― 메르센(Marin Mersenne : 17세기 프랑스 수도사이며 수학자. 유럽 과학자들의 모임을 주도했다)에게 편지를 써서, 어떤 일이 있어도 자신의 책을 출판하지 않겠다고 알렸다. 더 나아가 그는 처음엔 모든 원고를 불태워버릴 생각까지 했다고 한다. 교회의 검열을 받으면서까지 철학을 추구할 생각은 없다는 것이었다.

"나는 도무지 믿기지 않았소, 교황의 총애를 받는다는 이탈리아인조차, 지구가 움직인다는 사실을 증명하려 했다는 이유만으로 범죄자로 여겨질 수 있다니. 물론 그 견해가 예전에 몇몇 추기경들에 의해 비난받았다는 소문은 들었지만, 그 이후로는 로마에서도 계속 가르쳐지고 있다고 들었기에 그런 일은 일어나지 않으리라 생각했소. 그러나 나는 솔직히 고백하건대, 지구의 운동에 대한 의견이 거짓이라면 내 철학 전체의 토대도 거짓이오. 내 철학의 모든 토대는 그 견해 위에 명확히 세워져 있기 때문이오. 그것은 내 논문의 모든 부분과 얽혀 있어서, 그것만을 따로 떼어낸다면 남은 부분들마저도 온전하지 않게 되는 것이오. 비록 나는 내 모든 결론이 매우 확실하고 명료한 증명에 기초하고 있다고 확신하지만, 그렇다 하더라도 교회의 권위에 맞서 그것을 주장할 생각은 전혀 없소."

그러나 10년 후 그는 결국 그 책을 출판했다. 그 무렵에는 교회와의 충돌을 피하기 위한 영리한 절충안을 생각해냈기 때문이다. 그는 공식적으로는 지구가 움직인다는 것을 부정했고, 대신 지구는 물과 공기와 함께 하늘의 에테르가 만들어내는 더 큰 운동에 실려 다니는 것이라고 주장했다. 이러한 운동이 태양계의 일주 및 연주 운동을 만들어낸다는 것이다. 마치 배 위 갑판에 탄 승객을 가리켜 정지해 있다고 말할 수 있는 것처럼, 지구도 정지해 있는 셈이라는 것이다.

따라서 그는 자신을 코페르니쿠스가 아닌 티코의 추종자로 내세우며, 만약 교회가 이 절충안조차 받아들이지 않는다면 자신은 프톨레마이오스 체계로 돌아갈 수밖에 없다고 말한다. 다만 그는 그렇게까지 하지 않기를 바란다고 덧붙이는데, 프톨레마이오스 체계가 명백히 사실이 아님을 알기 때문이었다.

이처럼 권력자들에게 정중하게 몸을 낮춘 태도 덕분에 그의 저작이 교회에 의해 결국 금서목록에 오르게 되는 것을 막을 수는 없었지만, 적어도 본인 스스로가 성가신 박해를 당하는 일은 피할 수 있었다. 그는 본래 박해받기를 조금도 원치 않았고, 교회가 원하기만 하면 무엇이든 기꺼이 철회했을 사람이다. 그를 기회주의자라 부르기는 꺼려지지만, 적어도 그의 전임자들에게 너무나 부족했던 세속적인 지혜는 풍부하게 갖추고 있었음은 분명하다.

게다가 본질적으로 회의주의자였고, 교회나 그 교리에 대해 아무런 애착도 없었다. 다만 교회의 권력을 잘 알고 있었고, 교회와 원만한 관계를 유지하는 것이 현명하다는 사실도 알고 있었다. 그래서 자신을 가톨릭 신자로 자처했고, 과학과 신앙을 철저히 구분하는 태도를 고수했던 것이다.

그를 회의주의자라고 했다고 해서, 그가 무신론자였다는 뜻으로 이해해서는 안 된다. 실제로 무신론자인 사람은 극히 드물며, 데카르트는 결코 그런 생각조차 하지 않았다. 사실 그에게 무신론자라는 말은 어처구니없을 정도로 부적절한 표현이다.

그의 철학에서 상당한 부분은 신의 존재를 엄밀하게 증명하려는 시도로 채워져 있기 때문이다.

그는 53세의 나이에 스웨덴의 여왕 크리스티나에게 초청받아 스톡홀름으로 가게 되었다. 크리스티나는 모든 분야의 학문에 열정적으로 몰두하고 있던 젊은 여왕으로, 자신의 궁정을 문학과 과학의 최고 권위자들로 채우기를 원했다. 데카르트는 한동안 망설이다가 마침내 스웨덴으로 향했다. 그는 왕족을 매우 좋아했지만, 추운 기후는 두려워했다.

투렌 출신인 그에게 스웨덴의 겨울은 특히 고역이었으며, 부지런한 여왕이 매일 새벽 다섯 시에 수업을 원했던 것도 큰 부담이었다. 크리스티나는 그를 호의적으로 대할 작정이었고, 실제로 크게 감탄했지만, 평생 오전 열한 시까지 침대에 누워 지내던 사람에게 11월 새벽 다섯 시에 일어나는 일은 잔혹한 시련이었다.

그러나 그는 지나치게 궁정 예법에 익숙한 사람이었기에 불평 한마디 없이 새벽 강의를 계속했다. 건강은 점차 무너져갔고, 물러날 생각을 하던 중 갑자기 탈진하며 의식을 잃었다. 여왕의 주치의가 그를 돌보았고, 당연히 피를 뽑아야 한다고 주장했다. 데카르트는 생리학에 대해 알고 있는 것이 많았으므로 그 말에 격분했고, 치료는 더 이상 진행되지 못했다. 며칠 뒤 그는 조용해졌고 두 차례 피를 뽑은 뒤 점점 쇠약해져 갔다. 죽음을 앞두고 그는 침착하게 죽음에 대해 담담히 이야기했고, 가톨릭 교회의 성사를 받으며 마지막을 준비했다.

그의 일반적인 연구 방법은 가능한 한 순수한 연역적 방법이었다. 즉, 유클리드의 방식처럼 몇 가지 단순한 원리에서 출발하여, 그것들로부터 일련의 추론을 통해 결과들을 도출하고, 그렇게 해서 조금씩 연계된 지식의 구조를 쌓아올리려 한 것이다. 이 점에서 그는 뉴턴의 선구자였다.

엄격하게 실행될 경우 가장 강력하고 만족스러운 방법이며, 실험을 통해 이루어진 단편적인 정복들보다 훨씬 더 체계적인 과학 영역을 만들어낸다. 하지만 이 방법을 안전하고도 만족스럽게 다룰 수 있는 사람은 극히 드물며, 누구도 실험을 통한 지속적인 검증 없이 이 방법만으로는 충분히 다룰 수 없다.

그가 오류에 빠진 것은 검증의 필수성을 인식하지 못했기 때문이었다. 그가 과학에 끼친 진정한 중요성은, 실제로 무엇을 발견했는가보다는 물리과학의 문제를 해결하기 위한 올바른 조건들을 앞서 예견했다는 점에 있다. 결국, 자연이 수학적으로 탐구될 수 있다는 사실을 밝혀낸 셈인데, 이것은 자칫하면 끝내 알려지지 않을 수도 있었던 중대한 발견이었다.

곰곰이 생각해보면, 자연을 수학적으로 연구한다는 것, 즉 종이 한 장과 펜 하나로 진리를 밝혀낸다는 행위는 겉으로 보기엔 고대 그리스 철학자들의 말장난에 가까운 분석 — 단어의 의미나 언어 사용, 사고의 논리적 필연성 등을 따지며 자연을 설명하려 했던 방법 — 과 위험할 정도로 닮아 있기 때문이다. 그러나 그리스식 방법은 결국 무익하고 비생산적인 것으로 판명되었고, 데카르트의 수학적 접근은 전혀 다른 길을 열어주었다.

이러한 헬레니즘식 사변에 대한 반작용이 일어났고, 그것을 주도한 인물이 갈릴레오와 길버트 그리고 그 뒤를 잇는 현대의 실험철학자들이었다. 이들은 자연을 탐구하는 올바른 유일한 방법은 실험과 관찰이라고 가르쳤고, 그 흐름은 오늘날까지 이어지고 있다.

이 방식은 분명히 매우 타당하며 절대적으로 필요한 길이다. 그러나 그것만이 유일한 길은 아니다. 반드시 실험적 사실이라는 토대가 있어야 하며, 그 위에 이론적 추론의 거대한 구조물을 세울 수 있다. 이 구조물은 순수한 이성적 추론에 의해 견고히 연결되어 있으며, 전제가 옳고 실수가 없다면 그 모든 결론 역시 반드시 참이게 된다. 그러나 실수, 특히 간과의 가능성을 방지하기 위해, 모든 결론은 결국 언젠가는 실험이라는 시험대에 올려야 하며, 만약 실험과 일치하지 않는다면, 이론 자체를 다시 검토하여 오류를 찾아내야 하고, 그렇지 못할 경우에는 그 이론을 버려야 한다.

이 위대한 방법 — 케플러의 더듬거림과는 전혀 다른, 그리고 실험과 결합함으로써 오늘날 과학을 이루어낸 이 방법 — 나아가 뉴턴의 손에 의해 엄청난 결과로 이어지게 된 이 방법의 시작과 초기 단계는, 르네 데카르트에게서 비롯된 것이다.

제7장
아이작 뉴턴 경

링컨셔 주의 그래넘Grantham에서 남쪽으로 약 6마일 떨어진 콜스터워스Colsterworth 마을 근처에는 울스소프Woolsthorpe라는 작은 마을이 있다. 1642년 크리스마스에 이 울스소프의 장원의 저택에서 한 과부에게 병약한 아기가 태어났다.

그 아이는 세상에 오래 머물지 못할 것처럼 보였다. 약을 구하기 위해 노스 위덤North Witham으로 떠났던 두 여인은 돌아왔을 때 아이가 살아 있을 것이라고 기대하지 않았다. 그러나 그 아이는 살아남았고, 점차 튼튼해졌으며, 아버지의 이름을 따서 아이작Isaac이라 불렸다.

그의 아버지가 어떤 사람이었는지는 잘 알려져 있지 않다. 그는 우리가 자영농이라 부를 수 있는 사람으로, 가장 건전하고 자연스러운 계층에 속했다. 그는 직접 경작하는 토지를 소유하고 있었고, 그 작은 영지는 이미 백 년 동안 그 집안의 소유였다. 서른여섯 살의 나이에 결혼했고, 결혼한 지 몇 달 만에 세상을 떠났다.

안타깝게도 어머니에 대해서도 알려진 것이 거의 없다. 한 교구민이 평생 독신으로 지내던 바너버스 스미스Barnabas Smith 목사에게 아내감을 추천하며 '뉴턴 과부는 참으로 훌륭한 여성입니다'라고 했다는 이야기가 전해진다. 아마도 실제로 그랬을 것이다. 그녀는 철저히 실용적이고 현실적이며, 검소하고 부지런한 중산층 여성이었을 것이다.〈플로스 강가의 물방앗간(Mill on the Floss : 엘리엇의 장편소설. 빅토리아 시대 여성의 지성과 자아의식을 다룬 작품)〉에 나올 법한 그런 사람 말이다. 그녀는 재혼 후 노스 위덤으로 이사했고, 그녀의 어머니인 에이스커Ayscough 부인이 울스소프 농장을 관리하며 어린 아이작을 돌보게 되었다.

어머니는 재혼을 통해 또 다른 땅을 소유하게 되었고, 이를 첫째 아들인 아이작에게 물려주었다. 그 결과 아이작은 두 개의 작은 토지를 상속받게 되었으며, 이 토지들은 연간 약 80파운드의 임대 수입을 가져다주었다.

그는 정규 교육을 받기 위해 몇몇 시골 학교를 다녔고, 그 후 3년 동안은 그랜섬의 문법학교에 다녔다. 당시 이 학교는 스톡스 씨라는 노신사가 운영하고 있었다. 학교 생활 동안 특별히 부지런한 학생은 아니었고, 라틴어 문법의 매력에도 크게 빠지지 않았다. 자신이 거의 최하위 반의 끝에서 두 번째 학생이었다고 말한다. 대신 연과 풍차, 물레방아를 만드는 데 훨씬 더 많은 관심을 보였으며, 그것들을 아주 잘 작동시켰다. 또 연꼬리에 종이로 만든 등불을 달아 시골 사람들이 혜성이 나타났다고 착각하게 만들기도 하면서 대체로 소년다운 장난을 즐기며 지냈다.

그런데 우연히도, 자신보다 덩치가 크고 학년이 높은 한 소년에게 발길질을 당한 뒤 정정당당하게 싸워 이긴 일이 있었다. 이 승리는 단순한 싸움 외의 다른 분야에서도 경쟁심을 불러일으켰고, 어린 뉴턴은 곧 학교에서 수석 자리에 오르게 되었다.

이러한 상황에서 열다섯 살이 되었을 무렵, 이제 재건된 울스소프로 돌아온 어머니는 그를 땅 관리에 익숙한 농부 겸 목축업자로 키워야 할 때라고 생각했다. 소년은 학교를 떠나는 것이 분명 반가웠겠지만, 농사일에는 도무지 정이 가지 않았다. 특히 그랜섬에서의 장보기는 더욱 그랬다. 늙은 하인과 함께 매주 그랜섬으로 가 농산물을 사고팔았지만, 젊은 아이작은 그 모든 일을 하인에게 맡겨 두고, 자신은 학창시절에 하숙하던 집의 다락방으로 올라가 책 속에 파묻혀 있었다.

어느 순간부터는 그랜섬에 가는 시늉조차 하지 않았다. 대신 길가의 생울타리 아래에 앉아 동행했던 하인이 돌아올 때까지 책을 읽거나 어떤 모형을 만들며 시간을 보냈다.

우리는 그가 1658년의 대폭풍, 즉 크롬웰이 죽던 날의 폭풍 속에서 바람을 등지고 뛸 때와 맞서 뛸 때 자신이 얼마나 멀리 뛸 수 있는지를 통해 바람의 세기를 측정했다는 이야기를 듣는다. 또한 물시계를 만들어 그랜섬의 집에 설치했는데, 근처에 머물며 가끔 살펴보면 꽤 정확하게 작동했다고 한다.

자기 집에서는 벽면에 해시계를 두 개 만들었는데(처음에는 벽에 박아둔 못의 그림자를 통해 태양의 위치를 표시하는 식으로 시작했으나, 점차 진짜 해시계의 형태로 발전했다), 이 중 하나는 한동안 실제로 사용되었으며, 19세기 전반까지도 같은 자리에 남아 있었으나 그림자를 만드는 바늘은 사라진 상태였다. 1844년에 이 해시계가 새겨진 돌은 조심스럽게 떼어내어 왕립학회에 기증되었고, 현재는 그 학회의 도서관에서 보관되고 있다. 돌 위에 거칠게 새겨진 WTON이라는 글자는 겨우 알아볼 수 있는 정도다.

이런 활동들은 어머니에게는 꽤나 골치아픈 일이었을 것이다. 아마도 그녀는 오빠인 버튼 콕글스의 교구목사에게 하소연했을 것이다. 어쨌든, 이 신사분이 어느 날 아침 뉴턴을 찾아갔을 때, 농사일을 하고 있어야 할 시간에 덤불 밑에 앉아 수학 문제를 붙들고 있었다. 그러나 이 삼촌은 현명하게도, 누이에게 다시 아들을 잠시 학교에 보내고 그 뒤에 케임브리지로 진학시키라고 설득했다. 뉴턴이 학교를 떠나는 날, 스토크스 선생은 학생들을 모두 모아 뉴턴의 성품과 재능에 대해 칭찬하는 연설을 하고는, 그를 케임브리지로 떠나보냈다.

트리니티 칼리지에 입학하자, 시골에서 자란 소년 앞에 전혀 새로운 세계가 펼쳐졌다. 그는 고전에는 제법 익숙했지만, 수학과 과학에 대해서는 독학으로 조금씩 익힌 것 외에는 거의 알지 못했다. 논리학 책 한 권과 케플러의 광학을 순식간에 읽어치워, 이 과목들에 관한 강의는 더 이상 들을 필요조차 없게 되었다. 또한 유클리드의 책과 데카르트의 기하학도 손에 넣었다. 유클리드는 너무나 쉽게 느껴져 금세 제쳐두었지만, 데카르트의 책은 한동안 그를 당황하게 했다. 그러나 여러 번 다시 붙잡고 씨름했고, 머지않아 완전히 이해해냈다.

그는 수학에 몰두했으며, 머지않아 몇 가지 놀라운 발견을 해냈다. 우선 이항정리를 발견했다. 이 정리는 오늘날 약간이라도 대수학을 공부한 사람에게는 익숙하지만, 그렇지 않은 이들에게는 이해할 수 없는 것이므로 여기서는 설명하지 않겠다. 스물한 살 또는 스물두 살 무렵에는 무한급수와 유율법이라 불리는 그의 위대한 수학적 발견을 시작했다. 이는 오늘날 미분법이라는 이름으로 알려져 있다. 그는 이 발견들을 정리해두었고, 분명히 이 연구에 깊이 몰두했지만, 그것을 세상에 발표하거나 다른 이에게 알릴 생각은 전혀 하지 않았던 듯하다.

1664년, 그는 달 주위에 나타난 몇 개의 광환(光環, 빙정후광 ice-crystal halo)을 관찰했고, 언제나 그랬듯이 그것들의 각도를 측정했다. 작은 광환은 각각 3도와 5도, 큰 광환은 22.35도였다. 이후 그는 이 현상에 대한 이론을 제시했다.

달 주위에 나타나는 작고 색이 있는 광환은 자주 관측되며, 흔히 비가 올 징조라고 여겨진다. 이 현상은 매우 미세한 물방울이나 구름 입자가 빛에 작용하면서 생겨나며, 입자들의 크기가 거의 같을 때 가장 뚜렷하게 나타난다. 이들은 무지개와는 다르다. 무지개는 빗방울 안으로 들어간 빛이 굴절되고 반사되며, 색이 분리되는 프리즘 효과에 의해 형성되는 반면, 광환은 입자들이 너무 작아서 빛의 파장 크기에 필적할 정도일 때 발생한다. 이 현상은 광학에서 '회절(回折, diffraction)'이라는 항목에서 설명된다.

이 현상은 쉽게 실험해볼 수 있다. 일반 유리창에 라이코포디움lycopodium(석송石松) 가루를 살짝 뿌린 뒤, 근처에 촛불을 두고 일정 거리에서 그 불꽃을 유리를 통해 바라보면 된다. 혹은, 라이코포디움 가루를 뿌린 거울에 비친 촛불을 관찰해도 된다. 라이코포디움 가루는 알갱이 크기가 매우 균일하여 이런 실험에 특히 적합하다.

좀 더 보기 드문 큰 광환, 즉 각반경이 22.35도인 광환은 이와는 또 다른 원인으로 생기며, 이 경우에는 거의 색이 드러나지 않지만 사실상 프리즘 효과에 의한 것이다. 22.5도라는 각도는, 60도 각을 가진 결정체에서 물과 비슷한 굴절률을 지닐 때 나타나는 굴절 특유의 각도이다. 다시 말해, 이 광환은 대기 상층에 떠 있는 얼음 결정들에 의해 생기는 것이다.

같은 해에 그는 혜성 하나를 관측했으며, 그것을 지켜보느라 밤늦게까지 깨어 있는 바람에 병이 날 정도였다. 그해 말 그는 장학생으로 선발되었고 학사 학위를 받았다. 당시의 성적 순위는 존재하지 않거나 전해지지 않으며, 만약 남아 있었다면 뉴턴의 우수성을 증명하기 위한 자료라기보다는 시험관들의 안목이 있었는지 없었는지를 판단하는 데 흥미로운 자료가 되었을 것이다.

케임브리지 대학교에서 가장 오래된 수학 교수직인 루커스 석좌는 그때 생긴 지 얼마 되지 않았고, 그 초대 교수는 뛰어난 수학자이자 인정 많고 친절한 인물이었던 아이작 배로Isaac Barrow 박사였다. 뉴턴은 그와 좋은 관계를 맺었고, 배로가 광학에 관한 저술을 출판하는 일을 도와주었다.

그의 도움은 배로 박사의 서문에 명시되어 있으며, 뉴턴이 여러 오류를 수정하고 자신만의 중요한 내용을 추가했다는 사실이 적혀 있다. 이를 통해 뉴턴이 시간을 주로 수학에 쏟고 있었음에도 불구하고, 이미 광학과 천문학 양쪽 모두에 관심을 기울이고 있었음을 알 수 있다. (케플러, 데카르트, 갈릴레오 모두 광학과 천문학을 함께 연구했다. 티코 브라헤를 비롯한 이전 학자들은 연금술과 천문학을 함께 연구했으며, 뉴턴 역시 이 분야를 조금 다루었다.)

1665년, 뉴턴이 스물셋이 되던 해는 바로 '흑사병'이 발생한

해였다. 런던뿐 아니라 케임브리지에도 역병이 퍼졌고, 대학 전체가 휴교 조치를 받았다. 뉴턴은 고향인 울스소프로 돌아갔고, 머릿속에는 아이디어가 넘쳐나는 가운데 그해 남은 시간과 다음 해의 일부를 조용한 사색 속에서 보냈다.

어떤 경로였는지는 모르지만 그는 이미 원심력이라는 개념을 떠올리고 있었다. 하위헌스가 원심력의 법칙을 발견하고 발표하기까지는 아직 6년이나 남은 시점이었지만, 뉴턴은 자기만의 조용한 방식으로 이 개념을 파악하고, 그것을 행성의 운동에 적용하고 있었던 것이다.

그가 오래도록 고민하고 사색하던 과정을 우리는 거의 따라갈 수 있다. 그것은 수많은 이전의 사상가들을 괴롭혀온 위대한 문제였다. 무엇이 행성들을 태양 주위로 움직이게 만드는가? 케플러는 그들이 어떻게 움직이는지는 밝혔지만, 그들이 왜 그렇게 움직이는지, 무엇이 그것들을 그렇게 움직이도록 밀어내는지는 설명하지 못했다.

심지어 '어떻게' 움직이는지를 알아내는 데에도 오랜 시간이 걸렸다. 그리스 시대부터 프톨레마이오스, 아랍의 학자들, 코페르니쿠스, 티코에 이르기까지 오랫동안 지배적인 이론은 원운동, 주전원, 이심원 등이었다. 케플러는 놀라운 근면함으로 티코의 관측자료로부터 행성 궤도의 비밀을 밝혀냈다. 행성들은 태양을 하나의 초점으로 하는 타원 궤도를 따라 움직이며, 속도 자체가 아니라 면적을 그리는 속도가 일정하고 시간에 비례한다는 사실을 알아낸 것이다.

그렇다. 그리고 또 하나, 그 의미를 온전히 이해하기 어려운 신비한 제3법칙 또한 그의 예리한 탐구심 앞에 모습을 드러냈다. 이 법칙을 발견했을 때 그는 가장 깊은 기쁨을 느꼈고, 환희에 찬 감정을 억누르지 못했다. 그것은 바로, 각 행성의 거리와 주기 사이에 일정한 관계가 있다는 것이었다.

거리의 세제곱은 주기의 제곱에 비례한다는 이 법칙은, 처음에는 여섯 개의 주요 행성에 대해 참인 것으로 밝혀졌고, 이후 갈릴레오의 발견 이후에는 목성의 네 위성, 즉 이차적 행성들에도 확장되어 적용되었다.

하지만 이 모든 것은 여전히 어둠 속에서 이루어진 작업이었다. 이것은 단지 첫걸음에 불과했다. 사실들을 경험적으로 밝혀낸 것이었지만, 그 사실들이 왜 그렇게 되었는지는 알 수 없었다. 행성들이 왜 이런 식으로 움직이는 것일까? 데카르트의 소용돌이 이론은 하나의 시도였다. 그러나 그것은 빈약하고 불완전한 설명에 지나지 않았다. 마땅한 대안이 없던 유럽 전역에서는 그 이론이 받아들여졌지만, 뉴턴을 만족시키지는 못했다. 아니다, 그것은 잘못된 방향에서 출발한 설명이었다. 케플러 역시 태양을 중심으로 뻗어나가는 수레바퀴의 살이나 광선 같은 것이 행성들을 돌리는 일종의 기계 장치나 방앗간 기구 같은 것으로 상상했는데, 이것 역시 잘못된 방식이었다.

이 모든 이론들은 잘못된 전제에 기초하고 있었기 때문이다. 즉, 어떤 물체가 움직이기 위해서는 그 운동을 유지시켜 줄 힘이 필요하다는 생각이다. 그러나 이 생각은 갈릴레오가 발견한 운동의 법칙들과는 모순된다. 알다시피 갈릴레오는 아르체트리에서 시력을 잃고 무력한 말년을 보내던 중에도 운동 법칙, 즉 역학의 기초에 대해 깊이 고민하고 글을 썼다.

그는 젊은 시절 피사에 있을 때도 이 문제에 천착했다. 그는 진자의 원리를 발견했고, 아리스토텔레스의 이론을 반박하기 위해 피사의 사탑에서 낙하 실험을 했다. (그 탑이 아직도 지진으로 무너지지 않았다는 사실에 우리는 안도해야 할 것이다.)

그는 평생을 두고 간간이 역학 문제로 되돌아왔다. 그리고 이제, 천문학을 위한 시력이 모두 사라지고 외부 세계는 오직 죽음으로 탈출할 수 있는 감옥으로 변해버린 이 시점에서, 그는 다시금 운동 법칙으로 돌아와 자신의 생애에서 가장 견고하고 실질적인 업적을 남긴다.

이것이야말로 갈릴레오의 진정한 영광이기 때문이다. 그것은 코페르니쿠스 체계에 대한 눈부신 설명도 아니고, 죽어가는 철학을 조롱하는 그의 재치 넘치는 반박도 아니며, 부력에 관한 실험도 아니다. 망원경과 천문학적 발견조차도, 처음 보기에는 가장 인상 깊고 화려해 보일지 모르지만, 그의 진정한 위대함은 거기에 있지 않다. 갈릴레오가 불멸의 이름을 얻은 가장 큰 이유는 실험과 추론, 관찰에 근거하여 역학의 기초를 처음으로 확고하게 세웠다는 데 있다. 그는 운동의 참된 법칙들을 처음으로 발견한 사람이다.

나는 이 업적에 대해 그에 관한 강의에서 거의 언급하지 않았다. 이 작업은 그의 생애 말년에 집필한 것이었고, 당시에는 시간을 할애할 여유가 없었기 때문이다. 하지만 뉴턴에 이르기 전에 반드시 다시 다루게 될 것임을 알고 있었고, 바로 지금이 그 시점이다.

어떻게 그 책이 출간될 수 있었는지 궁금할지도 모르겠다. 갈릴레오의 원고들 중 많은 것이 파기되었기 때문이다. 끔찍하게도, 갈릴레오의 아들이 아버지의 원고 묶음을 불태워버렸다. 아마도 자신의 영혼을 구하기 위해서였을 것이다. 그러나 이 역학에 관한 책은 불태워지지 않았다. 사실 이 책은 갈릴레오의 제자인 토리첼리Toricelli 또는 비비아니Viviani가 구해낸 것이었다. 그들은 갈릴레오의 말년 2, 3년 동안 면회를 허락받은 몇 안 되는 이들이었다. 그 책은 한동안 그들의 손에 보관되었다가, 결국 네덜란드에서 몰래 출판되었다. 이 책에는 신학 논쟁과 직접적으로 관련된 내용은 전혀 없었지만, 그럼에도 불구하고 종교재판소가 출판을 허용했을 가능성은 낮았을 것이다.

갈릴레오가 발견한 세 가지 운동 법칙, 즉 공리가 있다. 이 법칙들은 뉴턴에 의해 전례 없는 명확함과 정확성으로 정리되었기 때문에 뉴턴의 법칙으로 알려져 있지만, 그 기초는 갈릴레오의 업적에 있다.

갈릴레오가 발견하고 뉴턴이 정식화한 운동의 법칙*

제1법칙 : 어떤 물체에 힘이 작용하지 않으면, 그 물체는 곧은 직선 경로를 따라 등속으로 운동을 계속한다.

제2법칙 : 물체에 힘이 작용하면, 그 힘의 크기에 비례하고 방향이 같은 운동의 변화가 생긴다.

제3법칙 : 하나의 물체가 다른 물체에 힘을 가하면, 그 다른 물체도 같은 크기이면서 반대 방향의 힘으로 반작용한다.

(* 갈릴레오의 운동 법칙, 뉴턴의 운동 법칙 그리고 케플러의 행성 운동 법칙은 서로 깊이 연결되어 있으며, 뉴턴이 이들을 종합하여 중력 이론과 고전역학의 기초를 확립했다. 갈릴레오의 법칙은 뉴턴 역학의 기초, 케플러의 법칙은 천체 운동의 실증적 관찰, 뉴턴은 이 둘을 종합하여 중력 이론으로 설명했다. 이로써, 물리학은 설명적 과학에서 예측 가능한 과학으로 진화하게 되었다.)

첫 번째 법칙은 가장 단순하다. 고대인들이 이 법칙을 몰랐기 때문에 많은 혼란을 겪었다. 이 법칙은 단순히 어떤 물체의 운동을 변화시키려면 힘이 필요하다는 것을 말한다. 즉, 아무런 힘이 작용하지 않으면 물체는 속도와 방향 모두 변함없이 계속 운동을 이어간다는 뜻이다. 다시 말해, 일정한 속도로 직선 운동을 한다는 것이다.

과거에는 어떤 물체가 운동을 계속하려면 그 운동을 유지시켜 주는 힘이 필요하다고 생각했다. 그러나 제1법칙은 그 반대로, 운동을 없애기 위해서야말로 힘이 필요하다고 말한다. 즉, 마찰이나 그 밖의 감속력을 전혀 받지 않는 물체를 그냥 두면, 그 물체는 영원히 계속 움직인다는 것이다. 따라서 행성이 텅 빈 우주 공간을 움직이는 데는 운동을 유지하는 어떤 힘이 필요한 것이 아니다. 행성 운동에서 힘이 필요한 것은 운동 자체가 아니라, 그 경로의 굽어짐이다. 행성의 운동은 속도 면에서는 거의 일정하지만 방향은 계속 바뀌고 있다. 그것은 거의 원 궤도이기 때문이다. 그러므로 실제로 필요한 힘은 앞으로 나아가게 하는 추진력이 아니라, 경로를 굽게 만드는 '방향을 바꾸는 힘'이다.

제2법칙은, 어떤 힘이 작용하면 운동이 변화한다는 것을 말한다. 이 변화는 속도가 바뀌거나, 방향이 바뀌거나, 또는 둘 다 바뀌는 것이며, 그 변화의 속도는 힘의 크기에 비례하고, 힘이 작용하는 방향과 일치한다. 그런데 행성의 운동은 거의 대부분 방향만 바뀌기 때문에, 오직 방향을 바꾸는 편향력만 있으면 된다. 즉, 운동 방향에 직각으로 작용하는 힘, 경로에 수직한 힘이 필요하다. 만약 이 운동을 원운동으로 생각한다면, 중심을 향해 작용하는 힘, 즉 반지름 방향의 힘, 구심력이 지속적으로 작용하고 있어야 한다.

고무줄에 매단 추를 빙빙 돌려보면, 고무줄이 늘어난다. 더 빠르게 돌리면 고무줄은 더 많이 늘어난다. 움직이는 추는 고무줄을 당기는데, 이것이 바로 원심력이다. 반대로 중심에 있는 손은 추를 끌어당기는데, 이것이 구심력이다.

제3법칙은 이 두 힘이 서로 같다는 것을 말하며, 두 힘이 함께 고무줄에 작용하는 '장력'을 이룬다. 하나의 힘만 따로 존재하는 것은 불가능하며, 반드시 짝이 있어야 한다. 아무런 저항도 하지 않는 물체를 강하게 밀어붙일 수는 없다. 당신이 어떤 물체에 힘을 가하면, 그 물체도 반드시 같은 크기의 힘으로 당신에게 반작용을 가한다. 작용과 반작용은 항상 같고, 방향은 반대이다.

때때로 이 점에 대해, 심지어 공학자들조차 터무니없는 혼란을 느끼는 경우가 있다. 그들은 이렇게 말한다.

"말이 수레를 끄는 힘과 수레가 말을 끄는 힘이 정확히 같다면, 어째서 수레는 움직이는가?"

도대체 왜 안 움직여야 한단 말인가? 수레는 말이 끌기 때문에 움직이고, 그것을 뒤로 끌어당기는 다른 힘이 없기 때문에 움직이는 것이다.

"하지만, 수레가 다시 뒤로 잡아당기고 있지 않나?" 그런데 수레가 뭘 당기고 있나? 자기 자신인가? "아니, 말이지." 맞다, 수레는 말을 끌어당기고 있다. 수레가 저항을 전혀 하지 않는다면 말은 무슨 소용인가? 말이 존재하는 이유는 바로 수레의 반작용, 즉 뒤로 당기는 힘을 극복하기 위해서이다. 그러나 수레를 뒤로 끌어당기는 것은 (물론 약간의 마찰을 제외하면) 아무것도 없다. 반면 말은 그것을 앞으로 끌고 있으므로 수레는 앞으로 나아간다. 이 상황에서 중요한 것은 두 개의 물체와 두 개의 힘이 있으며, 각각의 힘은 각기 다른 물체에 작용하고 있다는 점이다. 이 사실을 이해하면 아무런 수수께끼도 남지 않는다.

실제로 두 개의 힘이 한 물체에 작용하고 그것이 균형을 이룬다면, 그 물체는 정지하거나 등속 운동 상태를 유지할 것이다. 그러나 제3법칙에서 말하는 두 개의 동일한 크기의 힘은 서로 다른 두 물체에 작용한다. 따라서 두 물체 중 어느 것도 그 자체로는 평형 상태에 있다고 할 수 없다.

이로써 세 번째 법칙에 대해 살펴보았다. 이 법칙은 그 자체로는 매우 단순하지만, 그 영향은 실로 심대하다. 특히 '원격 작용', 즉 떨어진 거리에서 직접 힘이 작용한다는 개념을 부정하는 관점과 결합할 경우, 이 법칙은 바로 에너지 보존의 원리가

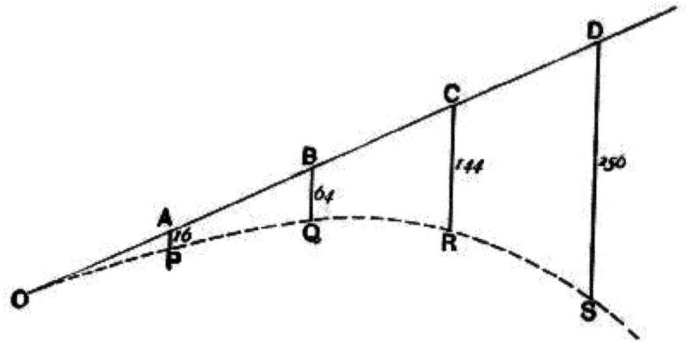

그림 28

된다. 지금까지 인류가 시도해온 모든 영구기관의 설계는, 결국 이 제3법칙을 피해 가려는 시도라고 볼 수 있다.

제2법칙에 대해서는 제대로 이해하려면 훨씬 더 많은 설명이 필요하지만, 그 전체를 논의하려면 역학에 관한 한 권의 책이 필요할 것이다. 이 법칙은 곧 역학의 핵심 원리이다. 그러나 지금은 행성의 운동을 다루기 위해 이 법칙의 한 측면을 짚고 넘어가야 한다. 그것은 바로 어떤 물체의 운동 변화는 오직 작용하는 힘에만 의존하며, 그 힘이 작용하는 순간 그 물체가 어떤 상태에 있든 전혀 상관이 없다는 점이다.

물체가 정지해 있든, 어느 방향으로든 움직이고 있든, 변화는 오직 힘에 의해 결정된다.

따라서 제4장 앞에 제시된 설명을 다시 참조하면, 낙하하는 물체는 첫 1초 동안 16피트 떨어지고, 2초 동안에는 64피트를 떨어지며, 이처럼 시간의 제곱에 비례하여 낙하 거리가 늘어난다고 되어 있다. 같은 현상은 던진 물체에도 해당되는데, 이 경우에는 낙하 거리를 해당 물체가 중력이 없었다면 따라갔을 직선 운동 경로로부터 얼마나 벗어났는지를 기준으로 측정해야 한다.

따라서 어떤 돌을 O 지점에서 OA 방향으로 던졌을 때, 아무런 힘이 작용하지 않는다면 제1운동법칙에 따라 1초 후에는 A, 2초 후에는 B, 3초 후에는 C지점에 도달하게 될 것이다. 하지만 중력이 작용하면, 1초 후에는 A지점에 도달할 무렵까지 수직으로 16피트 떨어지게 되어 실제로는 P지점에 있게 된다. 2초 후에는 수직으로 64피트를 떨어져 Q지점에, 3초 후에는 C지점보다 144피트 아래인 R지점에 있게 된다. 이처럼 돌의 실제 경로는 곡선이 되며, 이 경우 그 곡선은 포물선이다.(그림 28 참조)

만약 수평으로 평탄한 들판을 향해 대포를 쏜다면, 포탄은 마치 그 자리에서 낙하한 물체와 똑같이 중력의 영향을 받게 되며, 따라서 출발 지점에서 단순히 떨어뜨린 또 다른 물체와 정확히 같은 순간에 땅에 도달하게 된다. 어떤 포탄은 수평으로 1마일을 날아갔을 수 있고, 다른 하나는 단지 약 100피트 정도 아래로 떨어졌을 뿐이지만, 두 물체가 수직 방향으로 떨어지는 데 걸리는 시간은 같다. 포탄의 수평 운동은 단지 화약에 의한 추가적인 운동일 뿐이다.

사실 진공 속에서 발사체의 궤적은 정확한 포물선이 아니라, 대략적인 포물선에 불과하다. 실제로 그 궤적은 초점 하나가 매우 멀리 떨어져 있지만 무한히 멀지는 않은 타원이다. 그 두 초점 중 하나는 지구의 중심이다. 다시 말해, 발사체는 지구의 아주 작은 위성이며, 진공 상태에서는 케플러의 법칙을 정확히 따른다. 단지 그것이 궤도를 완전히 한 바퀴 돌지 못하는 것은, 출발 지점이 지구에 너무 가까워서 궤도 중간에 지구라는 덩어리가 가로막고 있기 때문이다. 이런 점에서 지구는 일종의 불필요한 장애물, 즉 표적과 같은 것으로 볼 수 있는데, 대부분의 표적들과 달리 빗맞히기가 어려운 표적이라는 점이 다르다.

요컨대, 케플러의 법칙은 뉴턴에 의해 단순한 경험 법칙에서 물리 법칙의 필연적 귀결로 승화되었으며, 이는 천체의 질량을 직접 측정하지 않고도 정확히 추정할 수 있는 강력한 수단이 되었다.

이 시기의 뉴턴의 사고 과정을 더 잘 보여주기 위해, 그가 따랐던 추론의 순서를 약간 바꾸어 정리하면 다음과 같이 표현할 수 있을 것이다.

어떤 물체의 원심력은 r^3/T^2(r은 중심까지의 거리, T는 공전 주기)에 비례한다. 그런데 케플러의 제3법칙에 따르면, 태양으로부터의 거리 r에 대한 r³/T²의 값은 모든 행성에 대해 일정하다. 따라서 모든 행성을 잡아두기 위해 필요한 구심력은, 태양으로부터 나오는 하나의 힘으로 설명될 수 있으며, 그 크기는 태양으로부터의 거리의 제곱에 반비례하는 방식으로 변화해야 한다.

이러한 힘은 행성의 운동을 설명하기 위해 필요하고도 충분한 것이다.

그러나 여기에는 잘못된 가정이 하나 깔려 있다. 즉, 행성의 궤도가 원이라는 가정이다. 그렇다면 이 이론은 타원 궤도에도 성립할까? 다시 말해, 거리의 제곱에 반비례하는 힘이 태양을 하나의 초점으로 하는 타원 궤도에서 물체를 계속 움직이게 할 수 있을까? 이 문제는 훨씬 더 어렵다.

뉴턴은 이 문제를 해결했지만, 그 역시 데카르트의 해석기하학과 자신의 발명품인 유율법Fluxions이라는 두 가지 강력한 수학적 도구가 없었다면 해결하지 못했을 것이다. 오늘날에는 수학적으로 타원 운동을 설명할 수 있지만, 수학을 쓰지 않고는 거의 설명이 불가능하다.

나는 여기에서 그저 다음의 이중 명제를 사실로 받아들이는 것에 만족해야겠다. 즉, 거리의 제곱에 반비례하는 힘은 물체를 태양을 초점으로 하는 타원이나 다른 이차 곡선(원뿔 곡선) 위로 움직이게 하며, 반대로 물체가 그러한 궤도로 움직인다면 반드시 그 물체는 거리의 제곱에 반비례하는 힘의 작용을 받고 있는 것이다.

이것이 케플러 제1법칙과 제3법칙의 의미다. 그렇다면 제2법칙은 어떤 의미를 갖는가? 행성이 일정한 비율로 면적을 그려 나간다는 이 법칙은, 행성이 일정한 속도로 어떤 중심을 기준으로 궤도를 따라 움직이고 있다는 것을 의미한다. 더 정확히 말하면, 이 법칙은 행성이 중심을 향해 작용하는 힘의 영향을 받고 있으며, 그 중심이 바로 태양이라는 것을 엄밀히 증명해준다. 즉, 이 힘 외에 다른 힘은 작용하지 않고 있음을 보여주는 것이다.

무엇보다 먼저, 제1법칙이 성립한다고 가정해보자. 즉, 아무런 힘도 작용하지 않는 경우다. 그리고 궤적을 일정한 시간 간격으로 나누고, 그 지점들에서 어떤 한 지점 S로 선을 그어 삼각형을 만들면, 이때 생기는 모든 면적은 서로 같게 된다.

왜냐하면 이들은 같은 높이에서 동일한 밑변을 가지는 삼각형이기 때문이다(유클리드 제1권). 도해로 보자면, S가 어떤 지점이고, A, B, C가 물체의 연속적인 위치일 때, 이러한 조건이 성립한다(그림 29).

이제 각 순간마다 물체가 점 S를 향해 순간적인 충격을 받는다고 해 보자. 이 충격은 물체가 A에서 출발해 B로 도달하는 데 걸렸을 시간 안에, 다른 경로를 따라 D에 도달할 수 있을 만큼의 힘이라고 가정한다. 그러면 실제로는 그 두 경향이 절충되어, 물체는 A에서 P로 이동하게 된다. 즉, AP라는 대각선을 따라 움직이는 것이다.

이 경우 반지름 벡터가 휩쓴 면적은 SAP가 된다. 원래 힘이 없었더라면 휩쓸었을 면적은 SAB였을 텐데, SAP와 SAB는 동일한 면적을 갖는다. 이 두 삼각형은 동일한 밑변 AS를 가지고 있고, BP와 AD가 평행하므로, 같은 평행선 사이에 놓여 있기 때문이다. (이는 평행사변형의 성질에 따른다.)

따라서 힘이 작용하지 않았을 때 그려졌을 면적이, 힘이 있을 때에도 그대로 그려지는 셈이다. 그리고 이러한 충격이 매번

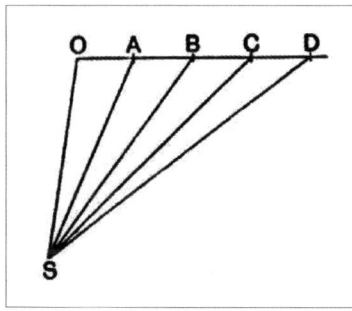
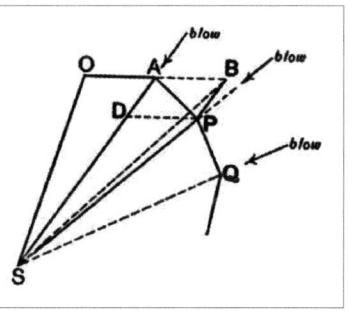
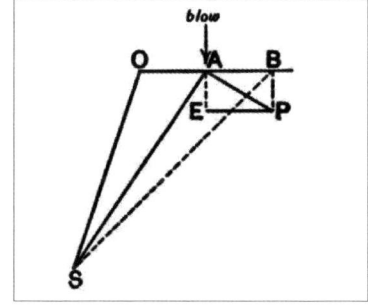

· 그림 29(좌)
· 그림 30(우)
· 그림 31(아래)

일정한 시간 간격으로, 그리고 항상 동일한 점 S를 향해 작용한다면, 각 구간마다 그려지는 면적은 언제나 동일하게 유지된다. 이는 반지름 벡터들이 그려지는 점 S를 중심으로 한다는 조건 하에서 성립한다.

이 법칙이 언제 성립하지 않는지를 살펴보는 것도 유익하다. 예를 들어 그림 31처럼 충격이 AE 방향으로 주어졌을 때를 생각해보자. 이 경우 물체는 두 번째 간격이 끝날 무렵 P 지점에 도달하게 된다. 그러나 이때 그려지는 면적 SAP는 SAB와 전혀 같지 않다. 따라서 첫 번째 간격 동안 그려졌던 면적 SOA와도 같지 않다. 다시 말해, 힘이 중심점 S를 향해 작용하지 않는 경우에는 동일 시간 동안 그려지는 면적이 일정하지 않게 되며, 따라서 케플러의 제2법칙이 성립하지 않는다.

그림 30을 연속적인 운동과 일정한 힘을 나타내도록 수정하려면, 다각형 OAPQ 등의 각 변을 매우 많고 매우 작게 만들어야 한다. 극한에서는 무한히 많고 무한히 작아진다. 그 결과 경로는 곡선이 되고, 일련의 충격은 점 S를 향하는 연속적인 힘이 된다. 따라서 어떤 점을 중심으로 면적이 일정한 속도로 그려진다면, 그 점이 바로 유일하게 모든 힘이 집중되는 중심이어야 한다.

그림 29처럼 아무런 힘이 없을 경우야 문제가 없지만, 만약 S를 향하지 않는 힘이 조금이라도 존재한다면, 면적이 일정한 속

도로 그려질 수 없다. 하지만 케플러는 티코의 관측에 따라, 각 행성이 태양을 중심으로 그리는 면적이 일정한 속도로 변화한다고 말했다. 그렇다면 태양이야말로 행성에 작용하는 모든 힘의 중심이며, 마찰조차도 존재하지 않는다. 이것이 케플러의 제2법칙이 담고 있는 의미다.

이로부터 우리는 중력이 빛처럼 어떤 속도로 이동하는 성질이 아님도 알 수 있다. 만약 중력이 태양에서 행성으로 도달하는 데 시간이 걸린다면, 일종의 '수차(收差, aberration)'가 생기게 되고, 그 힘은 더 이상 정확히 태양 중심을 향해 작용할 수 없을 것이다. 따라서 케플러의 제2법칙이 얼마나 정밀하게 지켜지고 있는지를 관측을 통해 확인하는 것은 곧, 중력이 중심에서 정확히 향해 오는지 여부를 판단하는 문제이기도 하다.
여기에서는 단지, 그 편차가 존재하더라도 극히 미세한 수준이라는 말로 만족하고자 한다.

이렇게 해서 뉴턴은 태양계를 구성하는 모든 운동이 태양에서 나와 거리의 제곱에 반비례하여 작용하는 중심력에 의존하고 있다는 사실을 확신하게 되었다. 왜냐하면 그러한 가설을 전제로 할 때 케플러의 모든 행성운동 법칙이 완전히 설명되기 때문이며, 실제로 이들 법칙은 그러한 가설을 필요로 하며 동시에 그것을 하나의 이론으로 확립해 주는 것이기 때문이다.

마찬가지로, 목성의 위성들도 목성에서 나와 동일한 법칙에 따라 거리의 제곱에 반비례하며 작용하는 힘에 의해 지배되고 있음이 분명했다. 그리고 우리의 달 역시 지구로부터 나오는, 거리의 제곱에 반비례하는 힘에 의해 움직이고 있음이 틀림없었다.

그런 힘이 정말 존재한다고 확신할 수만 있다면 얼마나 좋을까! 그런 힘이 있다면 어떤 결과가 나올지를 계산해보는 것과, 실제로 그 힘이 존재하며 우리가 알고 있는 바로 그 힘이라고 단언할 수 있는 것은 전혀 다른 문제였다. 그는 지구를 향해 끌어당기는 힘이 필요하다는 점을 떠올리며, 정원에서 깊이 사색하고 있었을 것이다.

지구를 향해 물체를 끌어당기는 그런 인력이 정말 존재하기만 한다면! 그런데 사과가 나무에서 떨어진다. 그렇다면, 그 힘은 이미 존재하고 있지 않은가! 바로 중력, 즉 물체를 떨어뜨리고 무게를 갖게 만드는 흔히 있는 중력이 그것이다.

필요했던 것은 지구 중심을 향한 힘이다. 그런데 이미 우리 손에 있다!

그것은 오래전부터 알려져 있었고, 갈릴레오에게는 물론이고 아마 아르키메데스에게조차도 익숙했을, 바로 그 평범한 중력이었다. 투사체의 운동을 조절하는 바로 그 중력 말이다. 그런데 왜 그 힘은 돌이나 사과에만 작용해야 하는가? 왜 달까지 미치지 못한다는 말인가? 왜 그 힘이 태양의 인력, 곧 모든 행성에 작용하는 중심력이 아닐 수 있단 말인가?

분명 우주의 비밀이 밝혀진 것처럼 보인다! 하지만 잠깐, 정말 밝혀진 걸까? 이 중력이라는 힘이 정말로 그 목적에 충분할까? 중력은 지구 중심에서의 거리의 제곱에 반비례해서 작용해야 한다. 그렇다면 달은 얼마나 떨어져 있는가? 지구 반지름의 60배다. 그렇다면 달까지의 거리에서는 중력의 세기가 지표면에서보다 1/3600로 줄어든다. 따라서 지표면에서 물체를 1초에 16피트 끌어당기는 힘이라면, 달에서는 1초에 16/3600피트, 즉 1분에 16피트 정도 끌어당겨야 한다.

그렇다면 과연 이 정도의 힘이 실제로 달을 그만큼 끌어당기는가? 뉴턴에게 이런 문제는 단순한 산수 문제에 지나지 않았을 것이다. 종이와 연필을 꺼내 달이 1초마다 지구를 향해 얼마나 떨어지는지 계산해 보자. 과연 16/3600피트가 나올까? 그렇게 나와야만 이 힘이 정확한 것이다. 지구의 크기를 계산에 넣어야 한다. 1도는 약 60마일이고, 전체 둘레는 360도다. 이를 통해 지구의 지름은 약 6,873마일이 나온다. 자, 계산해보자.

계산 결과는 1분에 16피트가 아니라 13.9피트였다.

그렇다면 단순한 계산 실수였을까?

아니다, 실수가 아니었다. 뭔가 이론에 잘못이 있었다. 중력의 크기가 너무 강했던 것이다.

달은 중력의 영향을 받아 매초 약 0.0533인치씩 지구를 향해 떨어져야 하는데, 실제로는 약 0.0467인치만 떨어진다.

이렇게 위대한 발견이 눈앞에 있었지만, 스물셋의 뉴턴은 실망하고 만다. 수치가 맞지 않았고, 어떻게 해도 일치하지 않았다. 중력이 작용하는 힘이 아니라든가, 아니면 무언가가 그 힘에 간섭하고 있다고 생각할 수밖에 없었다. 어쩌면 중력이 어느 정도 작용하긴 하지만, 데카르트가 말한 소용돌이 같은 것이 간섭을 하고 있는지도 모른다고 생각했던 것이다.

그는 그 매혹적인 생각을 일단 접어두어야 했다. 그의 말에 따르면, "그때는 그 문제에 대한 어떤 생각도 접어두어야 했다"고 한다.

알려진 바로는, 그는 이 실망을 누구에게도 털어놓지 않았다. 만약 그가 케임브리지에 있었다면 누군가에게 말했을지도 모르지만, 그는 수줍고 혼자 있는 것을 좋아하는 청년이었기에 그렇지 않았을 가능성도 크다. 17세기 링컨셔 시골에서, 그가 이 문제를 상의할 만한 사람이 누구였겠는가?

물론, 19세기식 방식대로 섣불리 발표했을 수도 있었겠지만, 그것은 그의 방식이 아니었다. 발표라는 것은 그에게는 애초에 떠오르지도 않았던 일처럼 보인다.

지금도 그의 과묵함은 눈에 띄지만, 이후의 침묵은 거의 놀라울 정도다. 그는 새로운 발견을 하는 데 몰두한 나머지, 누군가에게 그 내용을 알려야 한다는 사실조차 잊어버리곤 했고, 언제나 다른 사람이 대신 그의 연구를 인쇄하고 출판해야 했다.

나는 이처럼 중력 법칙이 천체에 적용된다는 그의 초기 발견 과정을 내가 추정한 바에 따라 상세히 서술했다. 이 과정은 자주 오해되고 있기 때문이다. 때때로 사람들은 뉴턴이 중력이라는 힘 자체를 발견했다고 생각한다. 하지만 나는 그가 그런 일을 한 것이 아니라는 점을 분명히 했기를 바란다. 그의 시대보다 훨씬 이전부터, 어느 정도 교육받은 사람이라면 누구든지 '왜 물체가 떨어지는가?'라는 질문에 지금처럼 태연하게 대답했을 것이다. '지구가 끌어당기기 때문입니다' 또는 '중력 때문입니다'라고 말이다.

그가 이룬 발견은, 태양계의 운동이 중심에 있는 천체를 향해 작용하며 거리의 제곱에 반비례하는 중앙집중력의 작용에 의한 것이라는 사실이었다. 이 발견은 케플러의 법칙에 근거한 것이었고, 명확하고 확실한 것이었다. 그가 원했다면 이를 발표할 수도 있었을 것이다.

하지만 그는 가설적인 힘이나 정체를 알 수 없는 힘을 좋아하지 않았다. 그래서 이미 알려진 중력이라는 힘이 그 목적에 부합하는지를 알아보려 했다. 그러나 당시 그는 숫자상의 잘못된 자료로 인해 그 발견에 이르지 못했다. 지구의 크기에 대해 그는 단지 선원들 사이에 일반적으로 알려진 '1도는 60마일'이라는 통념만을 알고 있었고, 그로 인해 계산이 어긋났다. 중력이라면 분당 16피트는 떨어져야 했지만 실제로는 13.9피트만 떨어지는 것으로 나왔고, 그는 그 생각을 포기했다. 우리가 알 수 있는 바로는 그는 이후 16년 동안 이 생각으로 돌아가지 않았다.

제8장
뉴턴과 만유인력의 법칙

우리는 뉴턴이 스물세 살의 나이로 태양계의 운동 메커니즘을 거의 밝혀내려는 지점에 도달했지만, 당시에 잘못 알려진 지구의 크기로 인해 단념하게 되는 장면에서 이야기를 멈추었다. 그는 케플러의 법칙으로부터, 태양을 중심으로 하고 거리의 제곱에 반비례하는 구심력이 행성의 운동을 설명해 줄 수 있음을 증명했고, 지구를 중심으로 하는 같은 형태의 힘이 달의 운동도 설명할 수 있음을 보여주었다. 그리고 이러한 힘이 바로 우리가 익히 알고 있는, 물체에 무게를 부여하는 중력이라는 힘과 같을지도 모른다는 생각을 하게 되었다. 그러나 그는 그 생각을 달의 경우에 수치적으로 검증하려 하다가, 당시 통념이었던 '지구 표면에서 1도는 60마일'이라는 잘못된 전제로 인해 달 궤도의 크기를 잘못 계산하게 되었고, 그로 인해 검증에 실패하자 이 문제를 잠시 접어두게 되었다.

사과 일화에 대해서는 볼테르가 전해준 바가 있으며, 그는 이를 뉴턴의 총애를 받던 조카딸에게서 들었다. 이 조카딸은 남편과 함께 뉴턴의 말년을 함께하며 가사를 돌보았다. 이 이야기는 흔히 만들어지기 쉬운 일화처럼 들린다. 실제로 이런 일화는 쉽게 믿어지고 유포되지만, 자세히 들여다보면 근거 없는 경우가 많다. 다행히도 이 사과 일화는 충분한 근거가 있으며, 이야기 자체도 본질적으로 그럴듯하다.

이렇게 말하는 것은, 알프레드 왕과 구운 케이크 이야기처럼 어릴 때 배운 유명한 일화를 버려야 할 때 느끼는 아쉬움 때문이기도 하다. 하지만 이 사과 이야기는 굳이 포기하지 않아도 된다. 그 사과나무는 1820년에 바람에 쓰러졌고, 그 나무의 일부는 지금도 보존되어 있다.

나는 앞서 뉴턴의 철학과 관련하여 볼테르를 언급한 바 있다. 이 날카로운 비평가는 나중에 뉴턴의 철학을 유럽 전역에 널리 알리는 데 큰 역할을 했으며, 자국의 철학자인 데카르트의 체계를 무너뜨리는 데에도 일조했다. 케임브리지는 빠르게 뉴턴의 사상을 받아들였지만, 옥스퍼드는 50년 이상 데카르트 철학을 고수했다. 과거부터 이어진 교회 중심의 전통이 강한 옥스퍼드에서는 과학과 수학이 별로 뿌리내리지 못했다는 점은 참으로 흥미롭다. 그러나 뉴턴이라는 인물을 배출한 것에 대한 자부심이야말로 케임브리지의 과학적 탐구에 강한 동기를 부여한 가장 중요한 요소였음이 분명하다.

그는 이제 관심을 광학으로 돌리기 시작했고, 언제나 그랬듯이 마치 이전에는 다른 어떤 것에도 관심을 두지 않았던 사람처럼 이 주제에 몰입했다. 이 시기의 지출 기록장이 발견되었는데, 그 안에는 1667년 초에 프리즘과 렌즈, 연마 가루를 구입한 내역이 기록되어 있다. 그는 지금까지 사용된 것보다 더 완벽한 렌즈를 만들어 망원경을 개선하고자 했다. 이에 따라 그는 렌즈가 갖춰야 할 이상적인 곡면을 계산해냈으며, 이는 데카르트도 시도했던 방식이었다. 그리고는 실제로 그 곡면에 가깝게 렌즈를 연마해 보았지만 결과는 만족스럽지 않았다. 상이 언제나 흐릿하고 뚜렷하지 않았던 것이다.

마침내 그는, 문제가 렌즈가 아니라 빛 그 자체에 있을지도 모른다는 생각에 이르렀다. 어쩌면 빛은 본래 그렇게 구성되어 있어서, 정확하고 또렷한 하나의 점으로 초점을 맞출 수 없는 것일지도 몰랐다.

혹시 굴절의 법칙이 완전한 것이 아니라 근사값에 불과한 것은 아닐까? 그는 이 가설을 시험해 보기 위해 프리즘을 하나 구입했다. 창문 덧문에 둥근 구멍을 내 햇빛이 들어오게 하고, 그 빛줄기에 프리즘을 끼워 넣은 뒤, 굴절된 빛줄기를 흰색 스크린 위에 받았다. 그리고 프리즘을 이리저리 돌려가며 편차가 최소가 되는 위치를 찾아냈다.

스크린 위에 비친 빛의 자국은, 프리즘 없이 비추었을 경우처럼 둥근 원이 아니라 길쭉한 타원형이었고, 양 끝에는 색깔이

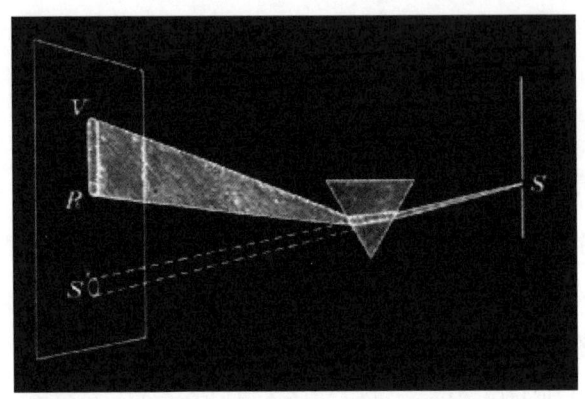

그림 32 프리즘은 햇빛을 굴절시킬 뿐만 아니라, 그 빛을 퍼뜨려 분산시키기도 한다.

나타났다. 명백히, 굴절은 단순한 기하학적 방향 전환만이 아니었으며, 그와 동시에 퍼지는 현상이 일어났던 것이다.

왜 이미지가 이처럼 퍼지는 것일까? 만약 그것이 유리의 불균일성 때문이라면, 두 번째 프리즘을 덧대면 오히려 그 퍼짐이 더 심해져야 할 것이다. 그러나 두 번째 프리즘을 적절한 방향으로 들이대었을 때, 이 퍼짐 현상은 상쇄되었고, 단순하고 둥근 흰 점이 굴절 없이 다시 나타났다.

분명히 이 빛줄기의 퍼짐은 굴절과 일정한 방식으로 연관되어 있었다. 혹시 프리즘을 지난 빛 입자들이, 회전하며 날아가는 라켓공처럼, 각기 다르게 휘어지는 궤적을 따라 움직이는 것은 아닐까? 이를 확인하기 위해 그는 스크린을 프리즘에서 서로 다른 거리만큼 떨어뜨려 놓고, 그때마다 타원형 자국의 길이를 측정했다. 그 결과 두 변수 사이에는 직접적인 비례 관계가 있음을 발견했다. 스크린의 거리를 두 배로 늘리면, 자국의 길이도 두 배가 되었던 것이다.

따라서 이 광선들은 프리즘에서 직선으로 퍼져 나간 것이었고, 퍼짐 현상은 프리즘 내부에서 일어난 어떤 현상 때문이라는 결론에 이른다. 그렇다면 백색광은 단순한 빛이 아니라 여러 구성 성분이 섞인 혼합물이며, 이 구성 요소들이 서로 다르게 굴절되는 것은 아닐까? 생각이 떠오르자마자 곧장 실험에 들어갔다. 스크린에 작은 구멍을 뚫어 백색광의 한 성분만 통과시키고, 그 성분의 경로에 다시 두 번째 프리즘을 놓았다. 만약 퍼짐 현상이 프리즘 자체에 의한 것이라면, 이 성분도 이전과 똑같이 퍼져야 할 것이다.

그러나 만약 그것이 백색광의 복합적인 성질 때문이라면, 분리된 단순 성분은 더 이상 퍼지지 않을 것이다. 결과는 후자였다. 그 성분은 더 이상 퍼지지 않았다. 프리즘은 그 성분을 다시 분산시킬 힘이 없었다. 프리즘을 통과하면서 알맞은 각도로 굴절되었을 뿐, 더 이상 여러 성분으로 나뉘지 않았다. 이 빛은 단순했고, 태양빛과는 달랐다.

기발하면서도 매우 단순한 많은 실험들을 통해 그는 이 주장을 확증하고 자신의 발견을 입증했다. 이 실험들은 여러 광학 서적에 전문이 인용되어 있다. 그가 밝혀낸 것은, 백색광은 단

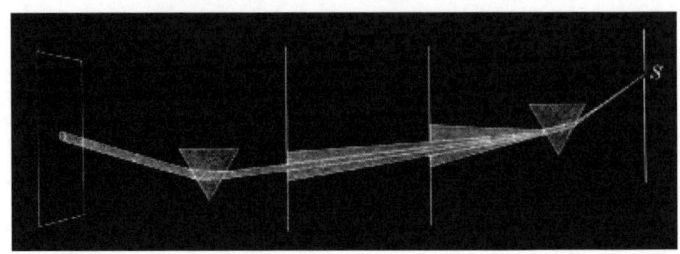

그림 33 천공된 스크린을 이용해 얻은 백색광의 단일 구성 성분은 더 이상 분산되지 않는다.

순한 빛이 아니라 복합적인 성질을 지녔다는 것이었다.

백색광은 프리즘을 이용하면 굴절률이 서로 다른 무수히 많은 구성 성분으로 분리될 수 있으며, 이 중 가장 눈에 띄는 것들을 뉴턴은 보라색, 남색, 파란색, 초록색, 노란색, 주황색, 빨간색이라고 이름 붙였다.

이로써 색의 진정한 본질이 즉시 드러났다. 지금까지 생각했던 것과는 달리, 색은 물체 자체에 존재하는 것이 아니라 그것을 비추는 빛 속에 존재하는 것이었다. 예를 들어 빨간 유리는 햇빛에 어떤 색을 더하는 것이 아니다. 빛이 유리를 통과하며 빨갛게 염색되는 것이 아니라, 빨간 유리는 햇빛의 상당 부분을 차단하고 흡수할 뿐이다. 즉, 대부분의 빛에는 불투명하지만, 우리 눈에 빨강이라는 감각을 일으키는 특정한 성분의 빛에는 투명한 것이다.

프리즘은 서로 다른 종류의 빛을 분류하는 체처럼 작용하고,

색유리와 같은 매질은 특정한 종류의 빛은 걸러내고 나머지를 통과시키는 필터처럼 작용한다. 레오나르도 다 빈치를 포함한 고대의 색 이론은 매우 잘못된 것이었으며, 색은 물체에 있는 것이 아니라 빛에 있는 것이다.

괴테는 자신의 저서 《색채론(Die Farbenlehre)》에서 뉴턴의 이론에 반박하고, 이전 시대의 견해에 가까운 관점을 복원하려 했다. 그러나 그의 시도는 완전히 실패로 돌아갔다.

굴절은 흰빛을 구성하는 여러 성분을 분리하여, 각각 다른 색을 지닌 조리개의 겹쳐진 영상 형태로 보여주는데, 우리는 이 일련의 영상을 스펙트럼이라 부르고, 이러한 작용을 오늘날 분광 분석이라 한다.

렌즈의 결함이 발생하는 이유도 이제 분명해졌다. 그것은 렌즈의 결함이라기보다는 빛 자체의 결함이었다. 렌즈는 굴절을 통해 빛을 한 점에 모은다. 빛이 단순할 경우 렌즈는 잘 작동하지만, 만약 일반적인 흰빛이 렌즈에 닿는다면 그 구성 요소들이 서로 다른 초점을 갖기 때문에 밝은 물체는 반드시 색이 번지게 되고, 선명한 상은 도저히 얻을 수 없다.

평행한 빛줄기가 렌즈를 통과하면 원뿔 모양으로 수렴하게 되지만, 단일한 원뿔이 아니라 여러 개의 원뿔이 겹쳐진 다발이

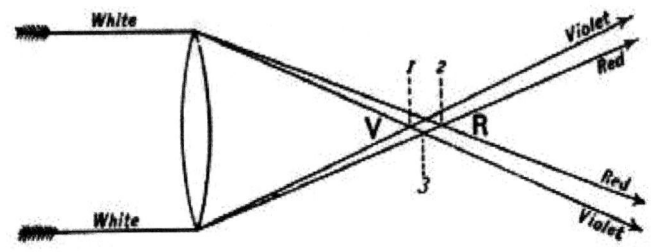

그림 34 렌즈를 통과하는 평행 광선의 경계

된다. 이들은 모두 렌즈의 가장자리를 밑변으로 가지며, 각기 다른 꼭짓점을 지닌다.

보라색 빛의 원뿔이 가장 안쪽, 즉 렌즈에 가장 가까운 곳에 위치하고, 빨간색 빛의 원뿔은 가장 바깥쪽에 위치하며, 다른 색들은 그 사이에 분포한다. 이 원뿔들이 교차하는 초점 이후로는 원뿔들의 순서가 반대가 된다. 위 그림은 이 다발 중에서 두 개의 가장자리 광선만을 그린 것이다.

만약 렌즈에서부터 1번 지점보다 가까운 곳에 스크린을 놓으면, 빛의 얼룩 중앙은 희끄무레하고 가장자리는 붉은색과 주황색 테두리로 나타난다. 반대로 2번 영역보다 멀리 떨어진 곳에 스크린을 놓으면, 얼룩의 가장자리는 파란색과 보라색으로 나타난다. 3번 지점 근처에 스크린을 놓았을 때는 색이 다른 위치보다 덜 도드라지지만, 어느 지점에서도 색 번짐을 완전히 없앨

수는 없다. 어떤 물체의 한 점은 이미지 속에서 한 점으로 나타나는 것이 아니라, 색이 번진 얼룩으로 표현된다. 이러한 사실이 이미지가 흐릿하고 선명하지 않게 보이는 현상을 충분히 설명해준다.

뉴턴은 보라색 초점과 빨간색 초점 사이의 거리 — 그림에서 VR — 를 측정하고 계산했으며, 이 거리가 렌즈 지름의 1/50에 해당한다는 것을 보여주었다. 이 문제(색수차라고 불린다)를 해결하기 위해 망원경의 렌즈는 매우 작고 초점 거리는 매우 길게 제작되었다. 어떤 렌즈들은 초점 거리가 너무 길어서 망원경의 몸통(튜브)조차 없었고, 대부분이 터무니없이 크고 다루기 어려웠다. 그럼에도 불구하고, 초기의 모든 발견들은 이러한 기기들을 통해 이루어졌다. 예를 들어, 하위헌스는 이러한 망원경으로 토성 고리의 실제 형태를 발견했다.

굴절망원경의 결함은 빛의 본질 자체에 기초한 것이었기 때문에, 도무지 고칠 수 없는 것처럼 보였다. 그래서 그는 '유리 작업'을 포기하고 금속 반사경을 이용한 반사 방식에 대해 생각하기 시작했다. 오목거울은 렌즈처럼 상을 맺지만, 굴절이나 어떤 물질을 통과하는 과정 없이 반사를 통해 이루어지기 때문에 색 번짐이나 색수차가 생기지 않는다.

그가 처음 만든 반사망원경은 지름 1인치, 길이 6인치였으며, 40배의 배율이었다. 이 망원경은 당시의 3~4피트짜리 굴절망원경만큼이나 잘 작동했고, 목성의 위성들도 보여주었다. 그래서 그는 더 큰 망원경을 만들었고, 그 망원경은 현재 런던 왕립학회 도서관에 보관되어 있다. 그 망원경에는 다음과 같은 문구가 새겨져 있다.

'아이작 뉴턴 경이 발명하고 자신의 손으로 만든 최초의 반사망원경.'

이 반사망원경은 오늘날 대부분의 거대 망원경의 시초가 되었다. 이후 50년 동안 이 망원경은 큰 개선 없이 사용되었고, 그러다 처음으로 해들리Hadley에 의해, 그리고 나중에는 허셜(William Herschel 1738~1822)과 다른 이들에 의해 크고 성능 좋은 반사망원경이 만들어졌다.

그림 35 뉴턴의 반사망원경

그림 36 뉴턴의 육분의

지금까지 만들어진 가장 거대한 망원경은 로스 경Lord Rosse의 것으로, 길이 50피트, 지름 6피트에 이르며, 거울만 해도 무게가 4톤이다. 항해자들이 사용하는 육분의sextant 또한 뉴턴이 발명한 것이다.

흑사병이 지나간 다음 해인 1667년, 뉴턴은 트리니티 칼리지로 돌아와 광학 실험을 계속했다. 이때 그의 나이 겨우 스물네 살이었다는 점은 특별히 주목할 만하다. 이미 이 시점에서 뉴턴은 자신의 가장 위대한 발견들의 기초를 모두 세운 셈이었다.

- 유율론Fluxion Theory, 곧 미분법Differential Calculus의 이론.
- 중력의 법칙, 곧 천문학의 완전한 이론.
- 백색광의 복합적 성질, 곧 분광 분석의 시작.

이후의 그의 삶은 이런 초기 발견들을 하나하나 발전시키는 데 바쳐지게 된다. 그러나 가장 주목할 만한 점은, 이것들 중 어느 하나에 대해서도 당시에는 아무도 알지 못했다는 사실이다. 다만 그는 이미 유능한 젊은 수학자로 알려져 있었고, 자신이 속한 대학의 펠로우로 선출되었다. 당시 그의 친구였던 아이작 배로 박사가 케임브리지 대학교의 첫 번째 루커스 수학 석좌 교수였다는 점을 기억할 필요가 있다.

1669년경, 수학적 발견 하나가 꽤 큰 관심을 모으고 있었는데, 배로 박사가 이를 뉴턴에게 이야기하자, 뉴턴은 자신이 이미 그 문제뿐 아니라 유사한 몇 가지를 예전에 풀어본 적이 있다고 말했다. 그래서 그는 당시 작성했던 몇 가지 논문을 배로 박사에게 가져다주었고, 배로 박사는 그것들을 여러 저명한 수학자들에게 전달했다. 그리하여 뉴턴이 당시 화제가 된 특수한 경우보다 훨씬 일반적인 정리들을 이미 발견하고 있었음이 세상에 알려지게 된다. 배로 박사는 신학 연구에 더 전념하기 위해 그해 교수직을 사임했고, 그 결과 뉴턴이 루커스 수학 석좌 교수로 선출되었으며, 이후 30년간 이 자리를 지켰다. 오늘날 이 교수직은 케임브리지에서 가장 유명한 자리로, 흔히 '뉴턴의 교수직'이라 불린다.

그럼에도 불구하고, 그의 유율법 방식은 여전히 세상에 알려지지 않았고, 그는 그 내용을 출판하지도 않았다. 루커스 교수로서 그는 먼저 광학에 대해 강의했으며, 그동안 자신이 수행했던 실험들에 대한 설명을 전했다. 이 강의들은 후에 라틴어와 영어로 출판되었고, 오늘날까지도 매우 높은 가치를 지니고 있다. 그의 수학적 천재성에 대한 명성이 왕립학회Royal Society의 귀에까지 들어갔고, 그를 학회 펠로우로 선출하자는 제안이 제기되었다.

왕립학회는 과학 분야에서 가장 오래되었으며 지금까지도 존속하고 있는 학회들 가운데 가장 유명한 기관으로, 그 기원은 잉글랜드 공화국 시기의 혼란스러운 시절에 로버트 보일과 몇몇 과학자들이 런던에서 비공식적으로 모임을 가지며 시작된 것이다.

왕정복고 후인 1662년, 찰스 2세는 왕립 헌장을 통해 이 학회를 공식적으로 인가하였다. 초창기 회원에는 보일, 로버트 훅, 크리스토퍼 렌(Christopher Wren 1632~1723) 그리고 덜 유명한 몇몇 인물들이 포함되어 있었다. 보일은 훌륭한 실험가로서, 길버트 박사의 유산을 이은 과학자였다. 훅은 처음에 보일의 조수로 경력을 시작했지만, 워낙 뛰어난 기지를 가진 인물이라 곧 스승보다 더 중요한 위치에 오르게 되었다.

그러나 로버트 훅은 뉴턴과 같은 시대에 살았다는 점에서 어느 정도 불운을 겪었다. 만약 그가 평범한 시대에 태어났더라면, 그는 분명히 일등성으로 빛났을 인물이었다. 그는 탁월한 창의력과 과학적 통찰력 그리고 정교한 실험 능력을 지닌 인물로, 여러 면에서 갈릴레오와 거의 비견될 수 있다. 하지만 태양이 떠 있는 낮에는 밝은 별조차 보이지 않듯, 뉴턴이라는 거인의 광휘 아래 이 뛰어난 인물의 이름과 명성은 거의 잊히고 말았다.

크리스토퍼 렌에 대해서는 굳이 길게 말할 필요도 없다. 그는 건축가로 널리 알려져 있지만, 동시에 매우 다재다능한 인물이었으며 과학에 대한 상당한 관심과 능력도 지니고 있었다.

이들이 바로 우리가 이야기하고 있는 시기의 왕립학회를 이끌던 주요 인물들이며, 이들에게 뉴턴의 첫 과학 논문이 제출되었다. 그는 반사망원경에 대한 설명을 이들과 공유하고, 실제로 만든 기기를 학회에 증정하였다.

그에 대한 학회의 반응은 뉴턴에게 놀라움으로 다가왔다. 학회원들은 이 발명품에 대단히 감탄했고, 그의 논문 제출에 대해 특별히 감사를 표하는 서신을 보냈으며, 이 발명에 관한 모든 권리가 정당하게 보호될 것임을 보장해 주었다. 당시 솔즈베리의 주교였던 버넷 주교가 뉴턴을 학회원으로 추천하였고, 그는 마침내 왕립학회의 정회원으로 선출되었다.

이에 대한 답신에서 뉴턴은 자신이 만든 망원경을 그렇게 높게 평가해준 것에 놀라움을 표하며, 만약 그들이 원한다면, 자신이 최근 자연의 작용에 관해 알아낸 것 중에서 가장 기묘하고, 어쩌면 가장 중요한 발견이라고 생각하는 내용을 보내겠다고 제안하였다. 그는 그것이 망원경보다 훨씬 더 흥미로운 것이 될 것이라고 확신하였다.

그래서 뉴턴은 그들에게 자신의 광학 연구와 백색광의 본성에 대한 발견을 알린다. 그는 일련의 논문들을 써서 왕립학회에 보내는데, 이 논문들은 훗날 《광학(Optics)》이라는 제목으로 편집, 출간된다. 이 작품 하나만으로도 저자는 세계 과학사의 일급 인물로 손꼽힐 만하다.

백색광의 본질, 색채에 대한 올바른 이론, 그리고 미분법! 이 외에도 이항정리, 반사망원경, 육분의 등 여러 부수적인 성과까지, 이 정도면 한 사람의 인생 업적으로 충분할 법도 하지만, 걸작은 아직 언급되지 않았다. 마치 셰익스피어를 논할 때 《리어왕》, 《맥베스》, 《오셀로》만으로도 충분한 업적으로 여겨지지만, 정작 《햄릿》이라는 대작이 남아 있는 것과 같다.

서로 다른 분야 간의 비교는 큰 도움이 되지 않을 수도 있다. 그럼에도 불구하고 내게는, 순전히 과학자라는 관점에서 보았을 때, 뉴턴은 단순히 동시대 인물들 — 그건 오히려 사소한 일이다 — 뿐만 아니라 역사상 존재했던 모든 과학자들 가운데서도 머리 하나쯤은 더 높이 솟아 있는 인물로 보인다. 다른 어떤 분야에서도 이처럼 압도적인 위상을 찾기란 어렵다. 그의 과학적 탁월함에 대해서는 우리뿐 아니라 다른 나라들도 마찬가지로 기꺼이 인정하고 있다.

자, 우리는 이제 1672년, 뉴턴이 왕립학회 회원으로 선출된 해에 이르렀다. 그가 회원이 된 첫 해, 어느 회의에서 지구의 크기, 곧 1도의 호 길이를 매우 정밀하게 측정한 피카르Picard의 연구 보고가 발표되었다. 그는 파리 근교에서 측량을 수행했는데, 그 결과 1도의 길이는 60마일이 아니라 거의 70마일에 달한다는 사실이 밝혀졌다.

뉴턴이 이 사실을 얼마나 빨리 알게 되었는지는 전해지지 않는다. 당시에는 케임브리지가 지금처럼 런던과 가까운 곳이 아니었기 때문이다. 그러나 결국 이 새로운 자료는 그의 눈에 들어왔다. 이 수치를 손에 넣자, 오래전에 떠올렸던 중력에 관한 그의 가설이 다시 머릿속을 스쳤다. 그는 이미 하나의 가설을 바탕으로 태양계의 역학을 계산해놓고 있었다. 다만 그 가설은 겉보기의 사실과는 약간 어긋나 있었기에 확증되지 못한 채 남아 있었을 뿐이다. 하지만 만약 그것이 사실로 드러난다면?

그는 예전의 계산 노트를 꺼내 다시 계산을 시작했다. 만약 중력이 달을 궤도에 붙잡아두는 힘이라면, 달은 매 분마다 지구 쪽으로 16피트씩 떨어져야 한다. 실제로는 어느 정도 떨어질까? 새롭게 알려진 지구의 크기는 수치에 변화를 가져올 것이다. 그는 극도의 흥분 속에서 계산을 진행했고, 그의 정신은 손보다도 먼저 결론을 향해 달려갔다. 계산 결과가 맞아떨어진다는 사실을 깨닫는 순간, 그의 눈앞에 이 거대한 발견의 무한한 의미와 범위가 한꺼번에 번개처럼 스쳐 지나갔다. 그는 더 이상 종이를 보고 있을 수 없었다. 펜을 내던지고 그는 일어섰다. 이제 우주의 비밀이 단 한 사람에게 드러난 것이었다.

물론 그것은 반드시 정밀하게 전개되어야 했다. 그 의미는 번뜩이며 다가왔지만, 그 모든 세부 사항을 완전히 밝혀내는 데는 수년간의 작업이 필요했다. 그리고 계산을 이어가면서, 그는 점점 더 깊은 함의와 결과들을 하나씩 발견하게 되었다.

그는 이 목표 하나만을 위해 이년 동안 온전히 몰두했다. 그 시간 동안 그는 오로지 계산하고 사유하며 살아갔고, 일상생활에 대한 완전한 몰입과 무관심을 보여주는 우스꽝스러운 이야기들이 전해진다.

예를 들어, 아침에 일어나 침대 가장자리에 앉은 채 반쯤 옷을 입은 상태로 점심시간까지 그대로 앉아 있곤 했다. 종종 그는 며칠씩 집에서 나오지 않았고, 누군가가 음식을 가져다줘도 그것이 무엇인지도 모른 채 먹었다고 한다.

어느 날, 절친한 친구인 스투클리 박사가 뉴턴을 찾아갔다. 식탁 위에는 뉴턴의 식사를 위해 덮개가 씌워진 접시 하나가 놓여 있었다. 한참을 기다린 끝에 스투클리 박사는 덮개를 열고 그 안에 있던 닭고기를 먹어버리고는, 뼈만 남긴 채 다시 덮어 두었다. 마침내 뉴턴이 나타났고, 친구에게 인사를 건넨 뒤 식탁에 앉아 덮개를 열며 이렇게 말했다.

'이런, 아직 식사를 안 한 줄 알았는데, 이미 식사를 했군.'

《프린키피아》는 바로 이와 같은 몰입과 전념 속에서 완성되었다. 아마도 이처럼 거대한 업적은, 어느 정도 무의식적인 몰입과 방해받지 않는 환경 없이는 달성될 수 없었을 것이다. 그러나 이러한 몰입이 작업을 위해서는 바람직하고 필수적이었을지언정, 당사자인 뉴턴에게는 심각한 부담이었다. 실제로 이 작업 이후 뉴턴의 뇌는 잠시 정신적 혼란을 겪었음이 분명하다. 그 증상은 경미했고, 이를 부정하는 사람도 있었지만, 이를 달리 설명할 수 없는 편지들이 남아 있으며, 뉴턴 자신도 1~2년 후에 친구들에게 이상하고 앞뒤가 맞지 않는 편지를 보낸 데 대해 사과하면서, 그 글을 쓸 당시 스스로도 무슨 말을 하고 있는지 분명히 인식하지 못하고 있었던 것 같다고 밝혔다. 그러나 그 정신적 혼란은 경미했고 오래가지 않았다. 오히려 이 사실은, 뉴턴처럼 위대한 정신을 가진 사람조차 《프린키피아》와 같은 작업을 이루어내기 위해 어떤 대가를 치러야 했는지를 보여주는 중요한 사례로 남는다.

작업의 첫 부분이 끝났다면, 보통 사람이라면 곧바로 그것을 출판하려 했을 것이다. 그러나 뉴턴은 그렇게 하지 않았다. 그가 왕립학회에 광학에 관한 논문들을 보낸 뒤, 온갖 논쟁과 이의 제기가 있었는데, 대부분은 사소한 것들이었지만, 뉴턴은 일일이 그것들에 답해야 한다고 느꼈다.

많은 사람들은 이런 논쟁을 일종의 관심과 성공의 증거로 여기고 오히려 즐겼을지도 모른다. 그러나 내성적이고 조용한 성격의 뉴턴에게 이러한 논쟁은 그저 고통스러울 뿐이었다. 그는 실제로도 매우 인내심 있고 능숙하게 반박의 글을 써서 이성적인 반대자들을 결국 설득해냈지만, 다음과 같은 편지를 왕립학회 서기에게 보내며 자신의 속마음을 털어놓는다.

"나는 철학의 노예가 되어버렸다는 것을 알게 되었습니다. 하지만 지금 이 일만 끝낼 수 있다면, 나는 철학에 영원히 이별을 고할 결심을 할 것입니다. 다만 사적으로 만족을 위해 하는 일이거나, 내가 죽은 뒤에나 세상에 나올 수 있는 일은 예외로 하겠습니다. 새로운 것을 세상에 내놓으려면, 그것을 끝없이 방어하는 노예가 될 수밖에 없다는 사실을 깨달았기 때문입니다."

그리고 라이프니츠에게는 이렇게 쓴다.

"나는 빛의 이론에서 비롯된 논쟁들로 너무나 시달려서, 조용함이라는 실질적인 축복을 내던지고 그림자를 쫓은 내 경솔함을 한탄하게 되었습니다."

이러한 말들은 뉴턴이 당시의 명성이나 세상의 인정에 얼마나 무관심했는지를 잘 보여준다.

그래서 그는 《프린키피아》의 첫 번째 부분을 책상 서랍에 넣고 잠가버렸다. 아마도 그것은 자신이 죽은 뒤에나 출판되게 하려는 의도였을 것이다. 그러나 다행히도 그렇게 되지는 않았다.

1683년, 왕립학회의 주요 인물들 사이에서 중력과 태양계에 관한 유사한 생각들이 독립적으로 퍼지기 시작했다. 중력 이론은 곧 밝혀질 것 같은 분위기였고, 렌, 훅, 핼리Edmund Halley는 이 주제를 두고 여러 차례 대화를 나누었다.

훅은 진자의 실험을 보여주며 이를 태양 주위를 도는 행성에 비유했다. 그 유사성은 실제보다 피상적인 것이었고, 그 운동은 케플러의 법칙을 따르지 않았다. 그럼에도 불구하고 그것은 인상적인 실험이었다.

그들은 역제곱 법칙을 추측했지만, 그 법칙에 따르는 물체가 어떤 곡선을 그릴지를 증명하는 데 어려움을 겪었다. 그 곡선이 행성의 운동을 설명하려면 타원이어야 한다는 사실은 알고 있었고, 훅은 그 궤도가 타원이라는 것을 자신이 증명할 수 있다고 주장했다. 그러나 그는 수학자로서는 부족했고, 다른 이들도 그의 말을 온전히 믿지는 않았다.

의심할 여지없이 그는 진리에 가까운 통찰을 가지고 있었고, 그 추측은 거의 전적으로 매우 뛰어난 직관에 기반한 것이었다. 그는 또한 중력이 관련된 힘이라는 것도 추측했으며, 일반적인 투사체의 경로가 행성의 경로처럼 타원이라고 주장했다. 이 역시 전적으로 옳은 말이다. 실제로, 이 발견의 출발점은 천재적인 보통 사람들에게서 흔히 일어나는 방식대로 그에게 다가오고 있었다.

만일 뉴턴이 존재하지 않았더라면, 훅과 렌, 핼리로 시작되는 일련의 뛰어난 인물들의 노력을 통해, 우리는 오늘날 《프린키피아》가 밝힌 모든 진실에 결국 도달했을 것이다. 물론 그것이 동일한 방식으로 진술되거나, 경이로운 명확성과 단순함으로 동일하게 증명되지는 못했을 것이다. 그러나 그 사실 자체는 지금쯤 알게 되었을 것이다.

클레로Clairaut, 오일러Euler, 달랑베르D'Alembert, 라그랑주Lagrange, 라플라스Laplace, 에어리Airy, 르베리에Le Verrier, 애덤스Adams와 같은 이들에 의해 이루어진 후속의 전개와 완성은, 물론 그만큼 이루어지지 못했을 것이다. 이 위대한 인물들의 삶과 에너지 상당 부분이, 그러한 주요 사실들을 처음부터 밝히는 데 소비되었을 것이기 때문이다.

우리가 지금 이야기하고 있는 이 세 사람 중 가장 젊었던 인물은 핼리였다. 그는 유능하고 주목할 만한 인물이었으며, 케임브리지 대학 출신으로, 아마도 뉴턴의 강의를 듣고, 그에 대해 깊은 존경심을 품게 되었을 것이다.

1684년 1월, 렌은 훅과 핼리에게 어떤 도전을 제안했다. 만약 둘 중 누구라도 '중심으로부터의 거리의 제곱에 반비례하는 힘'을 받는 행성의 궤도가 타원임을 증명해 보인다면, 40실링짜리 책을 상으로 주겠다는 것이었다. 하지만 두 달이 지나도, 일곱 달이 지나도, 누구도 증명을 내놓지 못했다. 결국 8월, 핼리는 이 어려운 문제에 대해 논의하고 도움을 구하고자 케임브리지로 뉴턴을 찾아갔다.

뉴턴의 방에 도착한 핼리는 단도직입적으로 물었다.

"중심으로부터 거리의 제곱에 반비례하는 힘을 받는 물체는 어떤 궤도를 그리게 됩니까?"

그러자 뉴턴은 망설임 없이 대답했다.

"타원이지요."

이에 깜짝 놀란 핼리가 물었다.

"도대체 그걸 어떻게 아신 겁니까?"

뉴턴은 대답했다.

"계산해 본 적이 있습니다."

그러고는 방 안을 이리저리 뒤져가며 그 계산을 적은 종이를 찾기 시작했다. 당장은 찾지 못했지만, 곧 편지로 그것을 핼리에게 보냈고, 그 안에는 단지 그 문제의 해답만이 아니라 일반적인 운동에 대한 하나의 완전한 논문처럼 보이는 자료가 담겨 있었다.

소중한 자료를 손에 넣은 핼리는 급히 런던으로 돌아가 왕립학회에 이 소식을 알렸다. 핼리의 설명을 들은 학회는 뉴턴에게 편지를 보내 그 논문을 인쇄해도 되는지를 정중히 물었고, 뉴턴은 이에 동의했다. 그러나 학회는 신중하게도 핼리에게 뉴턴을 맡기고, 혹시라도 그가 이 일을 잊지 않도록 수시로 독촉하도록 했다.

그리하여 뉴턴은 다시 논문을 다듬고 마무리하는 작업에 착수했다. 그는 여기에 여러 후속 전개와 보완 내용을 덧붙였는데, 특히 달의 운동에 관한 부분은 그에게 큰 골칫거리였다. 그럴 만도 했다. 왜냐하면 뉴턴이 보여준 방식대로 그것을 해낸 사람은 과거에도 없었고, 지금까지도 없다.

수학자들은 그 업적을 마치 옛 신화 속 인물이 남긴 작품처럼 바라보며, 이렇게 엄청난 도구들을 마치 가벼운 것처럼 능숙하게 다룰 수 있었던 그 사람은 도대체 어떤 인물이었을까 하고 경외의 눈길로 바라본다.

세상은 핼리에게 커다란 신세를 지고 있다. 첫째, 《프린키피아》를 발견한 공로 때문이며, 둘째, 그것을 인쇄하여 세상에 내놓도록 끝까지 책임진 것, 그리고 셋째, 그 인쇄비를 넉넉지 않은 자신의 주머니에서 충당한 덕분이다. 물론 결과적으로 그는 금전적 손해를 입지는 않았다. 오히려 반대였다. 그러나 그 당시 살아 있는 사람들 중 채 열 명도 채 이해하지 못할 책을 출판한다는 것은 분명한 모험이었다. 미완성의 원고 속에서 비범한 가치를 즉각 알아보고, 그것을 세상에 드러나게 했으며, 자신의 능력 안에서 그것이 이해되도록 돕기 위해 애쓴 것, 그 모든 점에서 핼리의 공은 결코 작지 않다.

핼리는 훗날 왕립 천문관Astronomer-Royal의 자리에 올랐고, 여든여섯이라는 장수를 누리며 여러 인상적인 관측들을 남겼지만, 그가 생전에 했던 그 어떤 일도 《프린키피아》를 세상에 드러낸 일에 비견될 수는 없다는 점을 누구보다 그 자신이 잘 알고 있었다. 그는 언제나 이 일에 대해 특별한 자부심과 기쁨을 가지고 회상하곤 했다.

그렇다면 《프린키피아》는 어떤 반응을 얻었을까? 그 주제가 워낙 난해했음을 감안할 때, 이 책은 대단한 관심과 열정으로 받아들여졌다. 20년도 채 지나지 않아 초판은 모두 팔려나갔고, 그 책은 큰 금액에 거래되기도 했다. 어떤 가난한 학생들은 책을 소장하기 위해 그 전부를 손으로 베껴 쓰기도 했다고 전해진다. 하지만 사실, 이런 책은 설령 여러 부를 가지고 있다 하더라도, 직접 한 문장씩 곱씹으며 필사해보는 것이 가장 유익한 독서법일 것이다. 이 책은 결코 대충 훑어볼 책이 아니다.

《프린키피아》가 인쇄 준비 중이던 무렵, 영국사와 케임브리지 대학교 사이에 흥미로운 접점이 하나 생겨났다. 당시 제임스 2세는 영국을 가톨릭화하려는 정책의 일환으로, 두 대학교에 특정 가톨릭 사제들에게 통상적인 서약 없이 학위를 수여하라고 명령했다.

옥스퍼드는 이에 굴복했고, 크라이스트처치 학장은 제임스가 임명한 인물로 채워졌다. 그러나 케임브리지는 이에 저항했고, 아이작 뉴턴을 포함한 여덟 명의 대표단을 고등법정에 보내 항의하게 했다. 법정에는 제프리스 판사가 주재하고 있었으며, 그는 늘 그렇듯 위협과 모욕으로 일관했다.

케임브리지의 부총장은 면직되었고, 나머지 대표단도 모두 발언을 금지당한 채 돌려보내졌다. 그리고 바로 이 '정의의 전당'에서 쫓겨나오듯 돌아온 뉴턴은 트리니티 칼리지로 복귀하여 《프린키피아》 완성을 마무리했다.

이때 뉴턴의 나이는 고작 마흔다섯이었다. 하지만 그의 주요 업적은 이미 완성되어 있었다. 미출간 상태인 유율법은 아직 세상에 나오지 않았고, 《광학》은 불완전한 형태로만 출판되었으며, 《프린키피아》의 개정판도 추가와 보완을 거쳐야 했다. 하지만 이제 명성이 그를 찾아왔고, 명성과 함께 온갖 번거로운 일들도 함께 찾아왔다.

어떤 불운 때문인지, 아마도 그의 발견들이 불러일으킨 관심

탓이 컸겠지만, 뉴턴이 무언가를 발표할 때마다 어김없이 비판과 때로는 공격이 쏟아졌다.

지금에 와서는 모두 사소한 일들에 지나지 않지만, 뉴턴에게는 그것들이 매우 커다랗고도 끔찍한 일처럼 느껴졌던 듯하다. 그는 이로 인해 극심한 고통을 겪었다.

《프린키피아》가 출간되자마자 훅은 곧바로 선취권을 주장하고 나섰다. 그리고 실제로 그의 주장이 전혀 근거 없는 것은 아니었다. 왜냐하면 이와 비슷한 막연한 생각들이 그의 다방면에 걸친 머릿속을 맴돌고 있었던 것이 분명했고, 그는 명확히 설명하거나 증명할 수는 없어도 무언가 중요한 것을 희미하게나마 의식하고 있었던 듯했기 때문이다.

이 두 위대한 인물은 말 많고 신중하지 못한 주변 사람들로 인해 다소 불편한 사이가 되었고, 자칫 더 큰 충돌로 번질 수도 있었지만, 서로 직접 연락을 취해 사적인 방식으로 매우 우호적으로 편지를 주고받으며 문제를 풀어갔다. 이간질하는 제삼자를 통하지 않고 그렇게 직접 교류함으로써 갈등은 수습되었다.

다음 판에서 뉴턴은 훅과 렌 양쪽의 공헌을 아낌없이 인정했다. 그러나 이 일을 계기로 그는 앞으로 무슨 일이 닥칠 수 있는지 경계하게 되었고, 핼리에게 보내는 편지에서 일반적인 운동 정리를 담은 처음 두 책만 출간하겠다고 말한다. 태양계를 다룬 제3권, 즉 세계의 체계에 관한 부분은 '이제 출간하지 않기로 마음먹었다'고 했다.

"철학이라는 여인은 참으로 쓸데없이 다투기 좋아하는 성미를 지녀서, 차라리 법정 싸움에 휘말리는 편이 낫겠어요. 예전에도 그랬고, 이번에도 내가 그녀에게 다가서자마자 곧장 경고를 해오더군요."

그는 처음 두 권만으로는 '자연철학의 수학적 원리Mathematical Principles of Natural Philosophy'라는 제목을 붙이기 어렵다고 판단하여 한때는 책 제목을 '두 물체의 자유 운동에 대하여On the Free Motion of Two Bodies'로 바꾸려 했지만, 결국 원래 제목을 그대로 두기로 한다.

"그 편이 책이 잘 팔릴 것이기에, 이제 이 책은 당신의 것이니, 판매를 줄이는 짓을 해서는 안 되겠지요."

다행히도 핼리는 뉴턴을 설득해 제3권도 함께 출간하도록 했다. 실제로 이 제3권은 세 권 중에서도 가장 흥미롭고 대중적인 내용을 담고 있다. 앞의 두 권에서 확립된 진리들이 실제 천문학에 어떻게 적용되는지를 모두 담고 있기 때문이다.

수년 후, 뉴턴의 《유율법》이 출간되었을 때 더 심각한 논쟁이 벌어졌다. 이번에는 라이프니츠와의 논쟁이었다. 라이프니츠 역시 미분법을 독자적으로 고안해낸 사람이었기 때문이다. 오늘날 우리는 과학사 속에서 두 사람이 같은 시기에 서로 알지 못한 채 동일한 문제를 연구하는 일이 얼마나 자주 일어나는지를 잘 알고 있다. 그러나 당시에는 그런 인식이 부족했고, 각자의 지지자들은 상대방이 표절했다고 비난했다.

나는 이 논쟁에 깊이 끼어들지는 않겠다. 고통스럽고 무익한 일이기 때문이다. 이 논쟁은 단지 두 위대한 인물의 말년을 괴롭게 했을 뿐 아니라, 뉴턴이 세상을 떠난 후에도 — 둘 다 세상을 떠난 이후에도 — 오랫동안 계속되었다. 지금 이 순간에도 그것을 완전히 과거의 일이라 부르기 어려울 정도다.

그러나 명성은 논쟁만큼 불쾌하지는 않지만 정신을 산만하게 만드는 일들을 만들었다. 우리는 참으로 기이하고 실용적이며, 다소 어리석은 민족이라 어떤 인물을 존경한다는 표현으로 그에게 투표를 하는 방법밖에 모른다. 그래서 사람들은 뉴턴을 국회에 보냈다.

뉴턴은 휘그당 소속으로 국회에 갔다고 알려져 있지만, 발언을 했다는 기록은 없다. 오히려 한 차례, 왕립위원회에서 시계 측정과 관련된 발언을 요구받았지만 말을 하지 않았다는 기록이 남아 있다. 하지만 아마도 그는 평균적인 의원 정도의 역할은 무난히 수행했을 것이다.

그로부터 얼마 지나지 않아 사람들은 뉴턴이 가난하다는 사실을 인식하게 되었다. 그는 여전히 생계를 위해 강의에 의존하고 있었으며, 왕실이 그에게 루커스 수학 석좌교수직을 종교적 서품 없이도 계속 맡길 수 있도록 해주었지만, 그가 여전히 경제적으로 넉넉하지 못하다는 것은 다소 부끄러운 일이었다. 이에 따라 정부에 그의 처우를 개선해달라는 요청이 들어갔고, 윌리엄 3세가 즉위하면서 관직에 오른 핼리팩스 경이 적극적으로 나서게 되었다. 그 결과 뉴턴은 결국 연봉 약 1,200파운드를 받는 조폐국장 자리를 맡게 되었다. 그는 이 직책에서도 꽤 훌륭한 역량을 발휘하여 질 좋은 주화를 만들어냈으며, 자신의 업무에 모범적으로 헌신한 것은 분명하다.

그러나 이 모든 것이 얼마나 안타까운 일인가! 하늘이 보내어 다른 누구도 할 수 없는 일을 하도록 한 사람이 있었고, 그가 비교적 알려지지 않았을 때는 실제로 그 일을 해냈다. 하지만 그가 세상에 알려지자마자, 그는 고액의 연봉을 받는 관료직에 앉혀졌고, 그와 동시에 그의 생애는 실질적으로 막을 내린 셈이 되었다. 그가 능력을 잃었기 때문은 아니다. 그는 여전히 유럽 대륙의 뛰어난 수학자들이 세상에 도전하듯 내놓은 문제들을 번개같이 풀어내곤 했다.

우리는 왜 뉴턴이 자신이 그렇게도 탁월했던 일에 몰두하기보다는 이리저리 이끌려다니는 것을 허락했는지를 묻고 싶을지도 모른다. 아마도 진정으로 위대한 사람은 스스로 얼마나 위대한지를 결코 자각하지 못하며, 자신의 진정한 강점이 어디에 있는지도 잘 모르는 경우가 많기 때문일 것이다.

확실히 뉴턴은 그것을 알지 못했다. 그는 철학, 즉 과학을 완전히 그만두겠다는 말을 몇 번이나 했고, 실제로 그렇게 하지는 않았지만 아마도 일시적인 과로에서 비롯된 감정이었을 것이다. 그럼에도 그는 자신의 위대함을 자각한 사람이었다면 마땅히 그랬어야 하듯, 모든 것을 그 일에 바치지는 않았다. 아니다, 자기 자신에 대한 자각, 그것은 뉴턴에게 가장 늦게 영향을 미치는 것이었다. 위대한 사람을 발견하고, 그를 귀하게 여기며, 하늘이 의도한 방식으로 그의 재능이 온전히 꽃피울 수 있는 환경 속에 그를 놓아두는 것은 동시대 사람들의 몫이다.

하지만 이런 문제를 우리가 섣불리 판단하기는 어렵다. 어쩌면 뉴턴이 국가의 지원 아래 자신이 초인적으로 능숙했던 그 일에만 몰두했다면, 그는 일찍 소진되어버렸을지도 모른다. 반면, 그에게 일정한 일상 업무를 맡김으로써 과학계는 그의 성숙한 지혜와 경험을 더 오래 누릴 수 있었던 것이다. 초창기 왕립학회 입장에서, 그를 24년 동안 회장으로 둘 수 있었다는 것은 결코 작은 일이 아니었다. 그의 초상화는 그때부터 지금까지 회장석 위에 걸려 있으며, 아마 왕립학회가 존속하는 한 계속 그 자리를 지킬 것이다.

그의 말년의 일들은 간단히만 언급하겠다. 그는 평온하고 자애로운 삶을 살았으며, 널리 존경받고 사랑받았다. 은백색 머리카락은 가발을 벗었을 때 더욱 인상적이었고, 그의 머리카락 한 가닥은 지금도 트리니티 칼리지 도서관에 여러 유품들과 함께 보존되어 있다.

그는 고통스러운 병을 앓은 끝에 조용히 세상을 떠났고, 향년 85세였다. 그의 시신은 예루살렘 홀에 안치되었으며, 여섯 명의 귀족이 관을 들었고 웨스트민스터 사원에 안장되었다. 이는 당시 시대와 나라의 자랑스러운 일이었다. 우리는 티코, 케플러, 갈릴레오가 얼마나 가혹하고 모욕적인 대우를 받았는지를 보아 왔기에, 비록 여러 실책이 있었다 해도, 영국이 자기 나라의 위대한 인물을 알아보고 자신들이 할 수 있는 최선의 방식으로 그를 예우했다는 사실은 분명 기쁜 일이다.

그의 성품에 대해서는 우리가 기대하고 바라는 그대로였다고만 말하면 충분하다. 그의 성품은 겸손하고 침착하며 품위 있는 담백함이 특징이었다. 그는 조카딸과 그녀의 남편인 컨듀잇 씨 ― 그의 후임 조폐국장과 ― 함께 검소하게 살았다. 결혼은 하지 않았고, 보아하건대 결혼할 생각을 해본 적도 없는 듯하다. 어쩌면, 자신의 업적을 세상에 발표해야 한다는 생각이 자연스럽게 떠오르지 않았던 것처럼, 결혼에 대한 생각도 그에게는 그다지 자연스럽지 않았을 것이다.

그는 언제나 독실한 신앙인이었고 진심 어린 그리스도인이었으며, 다소 아리우스파 혹은 유니테리언 계열의 신념을 가졌던 것으로 보인다. 적어도 그러한 문제에 정통한 정통 교리의 신학자들은 그렇게 주장한다.

그는 평생 신학을 어느 정도 꾸준히 연구했고, 말년에는 성서 비평과 연대기 문제에 특히 큰 관심을 가졌다. 어느 고대의 일식 현상을 근거로 기존의 연대 체계를 수백 년가량 수정하기도 했으며 〈다니엘서〉와 〈요한계시록〉의 예언에 관한 그의 저서는 오늘날에도 여전히 일부 사람들에게는 주목을 받고 있다.

하지만 이러한 모든 문제들에 있어 그는 아마도 그저 평범한 사람이었을 것이다. 물론 타고난 통찰력과 능력은 있었겠지만, 전혀 초인적인 것은 아니었다. 그러나 과학에 있어 그가 주는 인상은 오직 '영감을 받은', '초인적인'이라는 말로만 표현될 수 있다.

하지만 우리가 그의 작업 방식을 이해하게 된다면, 그리고 그의 초기 인생 전반에 걸쳐 흐른 조용하고 방해받지 않는 흐름을 실감하게 된다면, 그의 업적도 좀 더 이해가 가능해질지도 모른다. 그가 어떻게 그런 발견을 했느냐는 질문을 받았을 때, 그는 이렇게 대답했다.

"항상 그 생각만을 했기 때문입니다. 나는 그 주제를 끊임없이 내 앞에 두고, 그것의 첫 희미한 윤곽이 조금씩 조금씩 완전하고 명확한 빛으로 열릴 때까지 기다립니다."

조용하고, 꾸준하며, 끊기지 않고 방해받지 않는 사색이 그의 방법이다. 그런 조건에서는 많은 것이 이루어질 수 있다. 그런 조건을 얻기 위해 많은 것을 희생해야만 한다. 세상의 가장 위대한 사유의 작업은 모두 이런 방식으로 이루어졌다. 뷔퐁은 '천재란 인내다'라고 말했다. 뉴턴도 이렇게 말한다.

"내가 이 방면에서 대중에게 어떤 봉사를 한 것이 있다면, 그것은 오직 근면과 인내하는 사색 덕분이다."

천재가 인내인가? 아니다, 그것만은 아니다. 아니, 그것보다 훨씬 더한 것이다. 하지만 인내 없는 천재란 연료 없는 불과 같다. 곧 스스로 꺼지고 말 것이다.